韓食飯桌,
안녕!你好

Ann · 著

野人

當韓食成為我的一年 365 天

在這本書的創作接近尾聲時，一個念頭突然閃過，身為台灣人的我竟然在寫一本韓國料理食譜書，生命的浪潮總能帶來意想不到的驚喜，而或許這個驚喜始於 8 年前我與韓國老公的相識。喜歡吃美食的我跟老公一起探索更多道地美味的韓國料理，發現體內竟然養了一個韓國胃，常常有人問我怎麼會跟現在的韓國老公結婚，我總是會開玩笑地說「因為我太喜歡吃韓國菜了！」。

不只是喜歡，應該說，我徹底迷戀上韓食的滋味！

前一晚喝多了，隔天我想吃的是解酒湯；生魚片要蘸辣椒醋醬用紫蘇葉包著吃才好吃；夏季來碗豆漿冷麵，整個人神清氣爽；一週沒吃韓食就感到全身不對勁，我變成那種到國外旅行三天後就開始找泡菜、找韓國餐廳的人。熱愛韓食的我有一天開始自己動手做，愈做愈感興趣，愈做愈有心得，也激發了我對料理的熱情。幾年前搬到韓國生活，我的 365 天一日三餐更是圍繞著韓食，天天煮韓料、日日吃韓餐，韓食不再是異國料理，變成我食生活的全部。

2020 年開始在網路與 Instagram 分享韓國料理食譜與韓食日常，發現追蹤我平台的網友有一部分除了喜歡韓國料理，也很好奇韓國人日常飲食方式和餐桌樣貌，因此這本書結合了自身體驗以及與網友交流的回饋，希望能真實呈現出韓國當地家庭的飲食風情，讀者不但能從此書學到在地韓國家庭料理的作法，也能從中理解韓國人的飲食方式及習慣。韓式拌飯與拌麵不是只有一種作法、紫菜包飯有各式各樣的組合；特別的節日，韓國人會醃牛小排或燉排骨與家人一起享用；冰箱裡總有各種常備小菜，吃飯的時候只要準備一碗飯和一碗湯，將小菜拿出來搭配就是一頓家常便飯；還有專門的泡菜冰箱整年存放泡菜和各種醃漬小菜，用來搭配不同的主食。

這些年透過網路分享韓食的過程中，網友的反饋讓我體悟到嘗試新菜色所面臨的挑戰，尤其是一道可能從來沒吃過的異國料理，難度可想而知。因此在本書籌備階段時，我就規畫每道食譜應該都要有步驟圖，並且不藏私分享各種避免失敗的小撇步，希望大家在追求美味的路上，少走一點冤枉路。此外，我也詳細標注可以替代或可省略的材料，希望大家在料理韓食的過程中，能有更多彈性與空間。身為家庭主要料理者，即使做飯對我來說是一種樂趣，但生活中除了工作，還有各種大小事，時間是有限的，如何更有效率、更輕鬆地完成料理，是很重要的一件事。因此，我分享了如何將同一道料理作各種變化，比如辣炒豬肉既可以直接配飯吃，也可以做成拌飯和紫菜包飯，忙碌的你，只要提前將肉醃好，就可以變化出不同的料理。另外，韓國料理有其獨特的烹飪特色，本書前半部列出了我平常做韓國料理時會使用到的煮食工具，使用這些廚房器具料理韓國菜便能事半功倍，節省時間。

韓國家常料理博大精深，很難在一本書裡完全道盡，我精選了 100 道美味又實用的菜色作分享，希望我的食譜能豐富你們的飯桌與日常飲食，不論是一人食、帶便當、招待客人或郊外野餐，當你腦海中出現「要吃什麼？」的時候，《韓食飯桌，안녕！你好》向你輕輕地打了聲招呼，或許韓食也能成為你下一餐的選擇。

我常說，是「韓食」拯救了我的異鄉生活。韓食陪伴我度過了適應海外新生活最艱難的日子，尤其在完成本書的時候，因為疫情已將近三年時間沒回台灣了。每當我感到孤

單與挫折時，就會到廚房給自己做一道好吃的韓食料理，用美食照顧自己。韓食也成為我與韓國家人連結更緊密的媒介，每到週末，準備一桌美味的家常菜，與老公坐下來好好地享用，是日常生活的小確幸；過節時為疼愛我的韓國奶奶燉一鍋湯，料理成為傳遞愛與心意的一股力量！原來，我的韓食飯桌上有家還有愛，有韓食的地方即是家！

Ann

韓國老公的推薦

原文：

대만사람인 와이프와 결혼할 때에는 '이제 아침마다 와이프가 좋아하는 대만식 루오보가오와 딴삥을 먹게 되겠구나', '한국 음식은 이제 안녕' 이라고 생각했습니다. 지금처럼 항상 와이프가 차려준 한국 음식을 먹고, 와이프가 한국 음식을 소개하는 책까지 쓰게 되리라고는 상상도 못했습니다. 저는 전생에 나라를 구한 사람인가 봅니다!

처음엔 와이프도 닭볶음탕, 김치 찌개 등 좋아하는 몇 가지 한식 요리를 했었는데, 지금은 100 개가 넘는 한국 요리를 직접 해보고 레시피를 정리하였습니다. 가장 맛있는 레시피를 정한다고 같은 요리를 몇 일, 몇 주 동안 먹게되기도 해서 한동안은 그 요리를 다시는 안먹기로 다짐하기도 했던 기억이 납니다.

이제는 어느 한국 레스토랑에 가도 와이프가 해줬던 요리가 메뉴에 있는 경우가 많아서 외식을 할 땐 와이프가 해준 요리와 비교하여 이 집이 맛집인지를 평가하는 습관이 생겼습니다. 대부분 레스토랑 보다 와이프가 해준 요리가 훨씬 맛이 있어서, 이제는 외식을 하게되면 한식을 뺀 양식, 일식 레스토랑을 가게 됩니다.

한국인으로써 와이프가 만든 한식 레시피는 정말 맛있고 한국인 입맛에 잘 맞습니다.

대만 독자분들이 이 책을 통해 한국 요리를 가족, 친구, 지인분들에게 대접하고, 그 분들이 "이거 너무 맛있다. 어떻게 만든거야 ?"라고 묻는 상황을 상상해보면 벌써부터 너무 즐겁습니다.

譯文：

當我決定和台灣女生結婚的那一刻，我心想「看來以後早餐都要吃老婆喜歡的蘿蔔糕和蛋餅了！」「韓國菜，再見！」。但，現在的我竟然隨時都能吃到老婆親手做的韓國料理，甚至看到老婆正準備出版韓國料理食譜書介紹韓食，這是當時的我完全無法想像的（我想，我前世一定是拯救了地球！^^）。

一開始的時候，老婆只料理自己愛吃的那幾道菜，如辣炒雞湯、泡菜湯等，但現在竟然整理出了 100 道食譜準備收錄在書中。有時候，她為了確保某道食譜的味道夠好，連續好多天、甚至好多週我們的飯桌上都出現了一樣的菜色，那時候的我其實苦不堪言，內心暗自發誓，短期內再也不吃這道菜了！現在，我每到韓國餐廳用餐的時候，常常不自覺地和老婆做的料理作比較，發現有些餐廳做的都沒有家裡做的好吃，因此現在必須外食的時候，我自然而然地就不想吃韓國料理了，改去吃日本菜或西方菜。

身為一個韓國人，我認為老婆分享的那些料理都非常道地且美味，我希望台灣的讀者能透過這本書，用韓食招待你的親人、朋友。當他們說「這道菜真好吃啊！這是怎麼做的啊？」的時候，我也會感到與有榮焉！

Ann 老公真誠推薦

Contents

一道就吃飽，韓國家庭主食

餐餐都喝湯，
居家韓味鍋物

滿足全家人的
韓系肉食主菜

韓式常備小菜，
快速豐富飯桌的小幫手

泡菜與解膩小菜，
百搭又實用

乾杯！
韓食酒館在我家

韓綜韓劇裡的美食，
在家也吃得到

跟得上潮流的韓風小食

韓國料理常用的調味料與辛香料

想做出道地的韓國料理，使用韓國當地人也在用的調味料是最有效的方法之一。隨著韓國料理在全球愈來愈受到人們的歡迎，如今在台灣及韓國以外的國家，都能輕易地在超市或網路上，購得韓國食材及料理時所需要的各種調味品。對於想要做好韓國料理或經常自煮韓食的朋友，非常推薦購買會頻繁使用的韓國調味材料，能讓您做的韓食變得更加美味又地道。

釀造醬油 & 湯醬油

韓國料理用醬油分為一般（釀造）醬油和湯醬油。本書食譜中所提到的醬油皆指釀造醬油，並且使用的是100% 純釀造醬油；如為湯醬油則會直接寫「湯醬油」，避免讀者混淆！

簡單來說，釀造醬油比起湯醬油顏色較深、鹹度較低且帶甜味，可用於大部分的料理如炒、燉、醬燒及醃肉。湯醬油鹹度較高且顏色淡，是深厚又俐落的鹹味，常用於湯料理和涼拌菜。釀造醬油是使用最頻繁、用量也最多的調味料之一，您當然可使用手邊已有的台灣醬油作替代，但當您在製作醬油使用占比較高的料理如韓式醃肉或醬漬醃菜時，使用台灣醬油在風味上及鹹度上與原食譜會有較大的差異。對於經常做韓國料理的人，推薦購買一瓶韓國的釀造醬油，能料理出更道地的韓式風味。

粗鹽 & 花鹽

粗鹽是將海水引至鹽田，透過自然的風與陽光將水分蒸發後所產生的鹽，顆粒較大、含有異質物，多用來醃漬泡菜、製作魚醬時使用；花鹽則是韓國家庭料理時調整鹹淡最常使用的鹽之一，是將粗鹽溶於水中，經過去除雜質再結晶的過程，較為衛生，結晶像似冬天的雪花，也因此被稱為花鹽。

韓國魚露

常見的韓國魚露有玉筋魚魚露（까나리액젓）和鯷魚魚露（멸치액젓）。玉筋魚魚露味道較為清爽，鯷魚魚露則更為深厚濃郁。魚露是在做泡菜時不可或缺的調味料，也廣泛用於各種涼拌菜及湯料理的調味，通常只要加一點點就能讓料理增添許多鮮味及深度，是讓味道更上一層樓不可缺少的調味品。本食譜書的魚露皆使用鯷魚魚露。

韓國蝦醬

韓國蝦醬是製作泡菜及蘿蔔塊泡菜時不可少的調料，也常用於湯料理、韓式蒸蛋的調味，只要加一點點入菜餚之中，就能增添來自海洋的鮮味與鹹味。

料理酒

料理中使用的酒如味醂、清酒，能消除食材的雜味和腥味。圖中兩款韓國料理酒產品，度數不高且帶有淡淡的甜味及香氣，能起到提味和增添料理風味的作用。

醋

常見的有蘋果醋及釀造醋，因為蘋果醋有特殊香氣會影響風味，本食譜中的醋皆使用釀造醋。

料理糖漿

除了一般的砂糖，韓國料理也經常使用玉米糖漿、果寡糖漿來增加甜味。不同產品在耐熱程度與甜度上雖有差異，但基本上都能增添甜味和提供料理的光澤感，新手準備一種即可。料理中同時加入砂糖與料理糖漿，不僅能豐富甜味的層次，也能增加外觀油亮質感，特別是在關火之後再淋上一圈料理糖漿效果最好，菜色會看起來特別有光彩唷！

梅子醬

韓國的料理高手，在某些特定的涼拌菜、肉料理中會直接使用梅子醬取代砂糖，來增加料理的自然甜味和濃稠質地。雖然也可以用糖或料理糖漿取代梅子醬，但使用梅子醬所帶來的味道層次感是難以取代的，是讓料理美味更上一層的祕訣！

糖

食譜中出現的糖皆指白砂糖；某些料理為增添特有香氣或色澤，會使用黃砂糖或黑糖，但情況不多，也皆可用白砂糖替代。

芝麻油 & 紫蘇籽油

韓國芝麻油味道香醇濃郁，被廣泛應用在各種料理之中，常見用於涼拌料理及肉類料理，在料理的最後淋上芝麻油有助於提升菜餚的色香味。紫蘇籽油的香醇則帶股特殊草香，和芝麻油的味道不太一樣，常會用來製作炒類料理或野菜小菜。

黃芥末醬

常用於調製醬汁或醬料時使用，製作麻藥飯卷的醬汁更是少不了它。

韓國大醬（左上）

香醇深厚的韓國大醬是最能代表韓國味道的重要調味之一。除了大醬湯，大醬也可以用來做涼拌菜、或是作為去腥味的材料，如水煮五花肉、汆燙豬肋排時就經常放入大醬去除豬肉的腥味。

韓國包飯醬（左下）

韓國的包飯醬最常出現在吃韓國烤肉的時候，將肉放入生菜中包著吃時，包飯醬則作為調味（或是肉會直接蘸包飯醬享用）。除了包著吃之外，韓國人也會手拿新鮮的辣椒、小黃瓜條或蘿蔔條蘸著包飯醬直接吃。現在許多人也開始在家自製包飯醬，將辣椒醬、大醬、蒜末、蔥末、芝麻油等材料按照一定的比例混合即可。

韓國辣椒醬（右）

韓國辣椒醬是做韓國料理不可或缺的重要調味料，味道香辣帶甜，質感黏稠，廣泛運用在各種料理或是調味醬料之中，是最能凸顯韓式風味的元素之一。經典的韓國料理如辣炒豬肉、辣炒雞排、辣炒雞湯，或是部隊鍋、辣炒年糕都使用到韓國辣椒醬。

黑胡椒、大蒜、生薑、月桂葉與肉桂
是常使用到的辛香料，可用來去腥、提升香氣與調味。

白芝麻
能增添料理的香醇，經過搗磨後的白芝麻香氣與味道則更為濃郁。此外，芝麻粒也常作為料理完成時最後的點綴裝飾。

韓式辣椒粉
辣椒粉根據顆粒大小，通常分為粗、適中、極細。粗的用來醃過冬泡菜，適中的可以拿來炒菜、涼拌小菜、醃泡菜和煮湯；細辣椒粉則更容易上色，也由於分子較小，加入湯水裡容易改變湯汁的質地，常被用來製作韓式辣椒醬及辣炒年糕等料理。每款料理根據其目的，會選擇不同顆粒大小的辣椒粉，也會混著使用。比如說，想要湯表面浮著明顯辣椒顆粒的話，會加入粗辣椒粉；想要涼拌菜或泡菜顏色亮麗鮮紅，會加入適量的細辣椒粉。對於剛開始做韓式料理的人，辣椒粉的使用量和使用頻率皆有限，硬要做區分使用有點困難，因此建議選擇應用較為廣泛、顆粒適中的辣椒粉則足夠應付大部分的料理！本食譜裡的韓式辣椒粉也皆使用顆粒適中的辣椒粉（中間）。此外，我們家一律使用不添加人工色素、韓國國產的辣椒粉，購買時請注意辣椒粉的品質，方能做出美味的韓式料理唷！辣椒粉開封後要密封好隔絕空氣放冰箱保存，購買大量、想長期使用的辣椒粉，密封後放冷凍庫保存為佳！

湯頭的基礎

鯷魚昆布高湯

鯷魚昆布高湯是做韓式湯料理時最常使用到的高湯湯底，從大醬湯、嫩豆腐鍋到湯麵，甚至醃泡菜時的調味醬料基底，鯷魚昆布高湯被廣泛應用在各式各樣的料理之中，也是讓味道更上一層樓的基本要素。鯷魚乾有不同尺寸，高湯用的為大的魚乾。挑選時，請注意魚身是否完整、魚鱗是否剝落，品質好的鯷魚乾看起來應該飽滿扎實，魚身表面銀亮且完整，壓起來時堅硬不軟爛，要選用品質好的鯷魚乾方能製作出味道好、無腥味的鯷魚昆布高湯！

▌材料

高湯用大鯷魚乾30g、昆布10g、水2L

1 鯷魚乾剝開魚身去除內部黑色內臟（頭部保留）。

2 昆布用布或廚房紙巾擦拭掉表面的灰塵。

3 準備煮高湯的深鍋，將鯷魚乾放入以中小火炒一炒。
＊炒過有助於減少腥味。

4 鯷魚乾炒至冒煙、香氣出來之後，倒入水、放入昆布用大火煮滾。

5 煮滾後轉中小火繼續煮5分鐘之後，將昆布先撈起來，再繼續煮15～20分鐘。

6 最後將鯷魚乾撈出完成鯷魚昆布高湯。

讓煮韓食變得更加輕鬆的工具們

韓國料理有其特有的烹飪方式及特色,準備相應的料理工具能讓煮食過程事半功倍,更加地輕鬆有效率。在這邊整理了跟著本食譜書做韓國菜的過程中,除了基本的砧板、刀具與鍋具之外,您還可以準備哪些廚房道具與器具,讓您料理時更加游刃有餘!

精準

想要如實地重現菜餚應有的風味,精準地計算食材與調味的份量相當重要,尤其是第一次嘗試做某道料理時,善用各種計量工具並按照食譜的建議放入材料,方能掌握每道料理應有的風味與鹹淡基準。

量匙

本食譜書用到兩種量匙單位:15ml 與 5ml。

量杯

準備以 100ml 為單位刻度的量杯,最常使用到 1L 及 500ml 大小。

料理量秤

可以精準地測量出食材的克重,選擇至少可秤至 1 公斤的量秤為佳。

杯子

使用一般紙杯大小的杯子作為計量工具也相當方便,圖中的杯子一杯為 200ml。

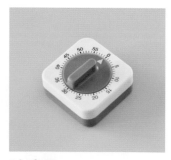

計時器

有時在熬湯或製作醬燒料理時,每當烹煮時間一長,很容易忘記自己正在做菜而導致燒焦或風味走樣。準備一個計時器磁鐵吸在冰箱上吧!能夠幫助我們更輕鬆地管理烹煮時間。

拌／混合／醃

韓國料理常見各種醃肉料理或煎餅料理，常常需要將各種材料先進行混合攪拌後再製；或是涼拌菜常會使用到手及器具對食材進行翻拌的動作。因此，在做韓國料理的過程中，準備各種尺寸的攪拌盆及料理盆能讓備料與煮食變得更加方便有效率。僅是製作少量調味醬時，使用輕便的玻璃碗；大量製作肉餡或醃漬泡菜時，就需要用到更大的料理盆。另外，調味中如有辣椒粉等較為刺激的調味料，可戴上料理手套再進行翻拌與抓拌能保護皮膚不受到過度的刺激。

攪拌盆（料理盆）

料理手套

做泡菜時，通常會使用到相當大容量的料理盆

過濾／瀝乾

無論是食材瀝乾水分、高湯過濾雜質或是對食材進行沖洗，都需要準備帶孔洞的濾網或網篩。濾網的空隙有大有小，而濾網的尺寸與設計也根據料理的需求有多種選擇。

過濾網篩

小支細孔網篩方便撈除湯的泡沫與油脂；大支網篩則可以用來撈麵條、對麵條或其他食材進行沖洗；粗孔網篩則方便用來洗菜與瀝乾食材水分。

料理棉布

某些特定食材如豆腐，放入棉布中更方便將多餘水分用手擠出；或是製作醃肉醬汁時，將打成泥狀的梨子、洋蔥或蘋果放入棉布中擠出汁液，則可以得到乾淨無殘渣的果蔬汁。

攪碎／磨碎

韓食製作過程中，常常需要將辛香料磨碎或切碎後再對料理進行調味，如蒜末、薑末；或是製作醃肉醬汁及調味醬料時，也經常需要將食材先打成泥狀再混合入其他調味料。以下是常見能將食材更輕鬆地切碎或磨碎的工具。

手拉食物切碎器

可增減手拉的次數來調整食材碎末大小，輕便快速又容易操作，最常被我用來製作蒜末。

料理攪拌機／手持攪拌機

當有各種食材需同時被攪碎時，份量不大且質地較軟的話，我會使用電動的手持料理攪拌棒；但如果材料份量大或食材硬度較高，我則會使用馬達動力較強的大台榨汁攪拌機。但其實僅需要準備一款即可以充分完成各種料理任務。

磨泥器

薑泥、蔥泥、梨子泥、蘋果泥等進行少量製作的時候，使用磨泥器則更加便利。

搗磨缽

最常用來將白芝麻粒搗磨成粉狀加到調味料之中，經過搗磨的白芝麻味道更香。或是將松子搗磨後做成松子粉，作為料理最後的點綴裝飾。

切片切絲

刨絲切片器

有些料理對於刀工的要求較高，如製作泡菜時，需要大量的白蘿蔔絲，因此善用刨絲器與切片器，能讓料理過程更加省力有效率，同時提升料理的口感與整體賣相。現在市面上有販售各種綜合功能的切菜器，能根據料理需求刨出多種粗度或厚度的蔬菜絲（片）。

多功能

剪刀／夾子

料理時剪刀有時候比刀來得更加便利與容易操作，特別是當食材並不要求切得工整時，使用剪刀快速且隨意地剪小能節省時間。此外，剪刀也比刀能更加靈活地修剪沾黏在肉塊上細小又不規則的多餘脂肪與雜質。而每當要夾起整塊又帶有一定重量的食物，如肉餅、排骨及肉排，使用夾子會比筷子更加容易，特別是吃韓式烤肉時，需要同時使用剪刀與夾子。

小瓦斯爐／烤盤

韓國家家戶戶似乎都有一個可移動的小瓦斯爐及烤盤，這是想吃韓式烤肉時不可或缺的道具。搭配剪刀及長夾，將烤好的肉剪成一塊塊方便入口的大小，再準備些生菜、涼拌菜、泡菜與配菜，即席現烤現吃，一頓美味的韓式烤肉就此誕生！

保鮮盒

韓國料理中有許多可冷吃的常備菜、醬漬醃菜、泡菜與涼拌菜，做好後放進密封性好的保鮮盒中，於冰箱保存通常可以長時間享用！韓國人家的冰箱打開，總是可以看到滿滿的保鮮盒，裡面裝有提前做好的各種小菜，想吃飯的時候，準備一碗飯，打開一個個的保鮮盒即能享用豐盛的一餐！

1 大匙 ＝ 15ml　　**1 小匙 ＝ 5ml**　　**1 杯 ＝ 200ml**

＊ 液體調味料裝滿至水平高面但不溢出來的程度；粉狀與醬料類調味料則在盛滿後，劃掉高起突出的部分。

少許

鹽與糖即用手指拾起一小撮的量；黑胡椒粉為輕撒 2～3 次左右；芝麻油則為稍稍淋上約 0.5 小匙的份量。

適量

可根據個人需求與喜好調整，如配菜或料理裝飾。

做韓國料理時

蔬菜該怎麼切

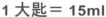

做韓國料理時，對應不同的料理有其常見的食材切法。以大蔥為例，同樣的一條大蔥，粗蔥花可用來做大醬湯、細蔥花則加入清湯中；蔥末則常用來製作調味醬料醬汁；斜切片則常用來炒菜或最後放入料理中成為裝飾。刀工的好壞會影響料理的味道、口感與外觀，按照食譜書中所指示的食材切法，盡可能地做出更貼近當地美味的韓食佳餚！

1 大蔥花（粗）　2 大蔥花（細）　3 大蔥斜切片　　　4 大蔥末　　　　5 大蔥斜切短絲
6 辣椒圈（粗）　7 辣椒圈（細）　8 辣椒斜切片　　　9 辣椒末　　　　10 辣椒斜切短絲
11 洋蔥絲（粗）　12 洋蔥絲（細）　13 洋蔥末　　　　14 洋蔥切成一口大小　15 櫛瓜圓片
16 櫛瓜半月片　　17 櫛瓜絲　　　　18 櫛瓜切成一口大小　19 白蘿蔔方塊　　20 白蘿蔔小方片
21 白蘿蔔絲　　　22 白蘿蔔圓薄片　23 紫蘇葉絲　　　　24 黃瓜絲　　　　25 黃瓜斜切片

5 大蔥斜切短絲作法為：將大蔥先直直對半切後，再斜切短細絲（如圖所示），旁邊的 10 辣椒斜切短絲也為相同切法。25 黃瓜斜切片則為對半直切後再斜切薄片。

19

一道就吃飽，韓國家庭主食

茄子飯

<u>60 分鐘</u>

▌ 材料（3～4人份）

白米・2杯
茄子・4根
大蔥・2根
豬絞肉・150g
水・1又2/3杯

茄子調味

醬油・1大匙

豬絞肉醃料

料理酒・2小匙
醬油・1小匙
蒜末・1小匙
黑胡椒粉・少許

淋醬

韭菜末・3大匙
辣椒末・1大匙
蒜末・1大匙
醬油・4大匙
料理糖漿・0.5大匙
韓式辣椒粉・1大匙
白芝麻・1大匙
＊白芝麻搗磨後使用更香
芝麻油・1大匙

▌ 作法

1　將白米洗淨，泡水30分鐘後瀝掉水分。
2　豬絞肉以豬絞肉醃料醃製10分鐘。
3　茄子對半切後再切小塊；大蔥切蔥花備用。
4　鍋內加入3大匙食用油，放入蔥花用中小火煏出蔥香。
5　聞到蔥香後，1大匙醬油淋一圈周圍提香，接著放入茄子翻炒。
6　茄子翻炒至上色變軟後，加入豬絞肉翻炒，至絞肉炒熟後盛起備用。
7　準備一只煮飯的鍋子，將白米平鋪鍋底，倒入1又2/3杯的水，接著放入炒好的茄子豬絞肉，均勻鋪開。
＊　因茄子會出水，所以放入的水量比米量少一點。
8　開始煮飯：先以大火煮至水滾冒泡後，蓋上蓋子轉中火煮5分鐘，接著再轉小火煮10分鐘，最後關火再燜10分鐘。
＊　煮飯時，鍋子的材質、厚度與火候調整皆會影響米飯的最終口感，建議使用自己的鍋具多練習煮幾次。本料理也可使用電子鍋煮。
9　煮飯的同時製作飯的淋醬，小碗中加入淋醬所有材料混合均勻。
10　飯燜好後打開蓋子，將飯與食材均勻攪拌，盛起要吃的量進小碗，淋上些許淋醬即可享用！
＊　剩餘淋醬可放冰箱保存，作為其他料理的蘸醬，如水煮肉、水煮蔬菜、煎豆腐。

솥밥

將米和多種食材一起放入鍋子裡煮的鍋飯（솥밥），經常出現在韓國人的家常飯桌上，其中這道茄子飯更是韓國美食綜藝節目的常客。茄子柔軟又溼潤的口感，和米飯相融一體，加入豬絞肉更是成為營養均衡又飽足的一餐，鹹香的淋飯醬汁則是下飯保證，讓人一口接一口！

黃豆芽豬肉飯

60 分鐘

STORY

這是一道經典的韓式炊飯料理,黃豆芽的特有香氣與清脆口感,搭配豬肉的油香滑嫩,再淋上鹹香醬汁,不須任何配菜就能飽餐一頓。當然想要吃得更豐盛的話,煎一顆荷包蛋一起拌著吃吧!絕對是讓人味蕾滿足的人間美味!

▍ **材料**(3～4人份)

白米・2杯
黃豆芽・300g
豬肉・250g
＊本食譜使用約0.7公分厚的整
　條五花肉,也可使用其他部位
　的豬肉
水・1又2/3杯

豬肉醃料
醬油・1大匙
料理酒・1大匙
蒜末・1小匙
黑胡椒粉・少許

淋醬
蔥末・3大匙
辣椒末・1大匙
蒜末・1大匙
醬油・4大匙
韓式辣椒粉・1大匙
白芝麻・1大匙
＊白芝麻先搗磨後使用更香
芝麻油・1大匙
糖・少許

▍ **作法**

1 將白米洗淨泡水30分鐘後,瀝掉水分。
2 豬肉以廚房紙巾吸乾表面血水,切絲後加入豬肉醃料抓醃,靜置10分鐘。
3 黃豆芽洗淨備用。
4 準備煮飯的鍋子,將白米平鋪鍋底,接著放上豬肉和黃豆芽,倒入1又2/3杯的水。
＊ 因豆芽會出水,所以水量比米量少一點。
5 開始煮飯:先以大火煮至水滾冒泡後,蓋上蓋子轉中火煮5分鐘,接著再轉小火煮10分鐘,最後關火再燜10分鐘。
＊ 想要底部米飯帶焦感,可以小火多煮3～5分鐘。
6 煮飯的同時製作飯的淋醬,小碗中加入淋醬的所有材料混合均勻。
7 飯燜好後打開蓋子,將飯與材料均勻攪拌,小碗中盛入要吃的量,淋上些許淋醬拌一拌後即可享用!

辣炒魷魚黃豆芽蓋飯

35 分鐘

辣炒魷魚是韓國人喜歡的下酒料理，香辣鮮鹹的口味也相當下飯，適合做成蓋飯。辣炒魷魚旁邊佐上適量的黃豆芽增加香脆口感並中和辣味，或搭配生菜、菇類、煎荷包蛋，將所有材料拌著吃也是相當美味喔！

▌材料（2人份）

白飯・2人份
魷魚・1隻
＊約200g
黃豆芽・150g
洋蔥・半顆
大蔥・半根
辣椒・1根
＊怕辣者可去籽或省略
紅蘿蔔・30g
芝麻油・1大匙
白芝麻・少許
紫蘇葉・2～3張
＊裝飾用可省略

調味醬

韓式辣椒醬・1大匙
韓式辣椒粉・2大匙
蒜末・1大匙
料理酒・1大匙
醬油・2大匙
糖・1大匙
黑胡椒粉・少許

▌作法

1 大蔥、辣椒斜切片；洋蔥切絲；紅蘿蔔切細片備用。
2 起一鍋滾水，放入洗淨的黃豆芽、1小匙鹽以大火煮2～3分鐘，撈出黃豆芽放入冷水中，變冷後撈出並瀝乾水分。
3 碗中放入所有調味醬材料混合均勻備用。
4 將處理好的魷魚切成約1公分寬、5公分長的長條備用。
5 鍋中倒入1大匙食用油，放入洋蔥、大蔥以中火炒香後，放入魷魚快速翻炒。
6 接著倒入調製好的調味醬、辣椒、紅蘿蔔片翻炒約2分鐘，最後淋上芝麻油、撒上白芝麻完成辣炒魷魚。
7 碗中盛入1人份白飯，放上黃豆芽、辣炒魷魚，將紫蘇葉捲起切成細絲後，放在最上面裝飾即完成。另一碗也重複以上步驟。
＊ 本食譜是按韓國人口味設計的，對於不習慣吃辣的人來說會有點偏辣，可以省略辣椒或減少辣椒粉用量。

五花肉泡菜飯

<u>60 分鐘</u>

五花肉和泡菜這樣經典的組合也可以做成炊飯，作法簡單容易！建議使用發酵較長時間有點變酸的泡菜製作，泡菜加熱後的滋味與五花肉緊密地結合在一起，吃起來肉香滿溢又不膩，讓人一碗接著一碗。煮一鍋五花肉泡菜飯吧，必能滿足全家人的胃！

▌ 材料（3～4人份）

白米・2杯
五花肉・250g
泡菜・350g
水・1又2/3杯

五花肉醃料

料理酒・1大匙
醬油・0.7大匙
蒜末・1大匙
芝麻油・0.5大匙
黑胡椒粉・少許

淋醬

蔥末・3大匙
辣椒末・1大匙
蒜末・1大匙
醬油・4大匙
水・2大匙
韓式辣椒粉・1大匙
白芝麻・1大匙
＊白芝麻先搗磨後使用更香
芝麻油・1大匙
糖・少許

▌ 作法

1 將白米洗淨泡水30分鐘後，瀝掉水分。
2 五花肉以廚房紙巾吸乾表面血水，切成1.5～2公分寬一口大小。
3 五花肉加入醃料，拌一拌靜置10分鐘。
4 泡菜切成一口大小備用。
5 準備煮飯的鍋子，將白米平鋪鍋底，接著放入泡菜、五花肉，倒入1又2/3杯的水。
＊因泡菜會出水，所以水量比米量少一點。
6 開始煮飯：先以大火煮至水滾冒泡後，蓋上蓋子轉中火煮5分鐘，接著再轉小火煮10分鐘，最後關火再燜10分鐘左右。
7 煮飯的同時製作飯的淋醬，小碗中加入淋醬的所有材料混合均勻。
8 飯燜好後，打開蓋子，將飯與材料均勻攪拌，小碗中盛入要吃的量，淋上些許淋醬即可享用！
＊每款泡菜鹹度不一樣，泡菜味道較鹹的話，吃的時候淋醬用量要減少，才不會太鹹。
＊剩下的淋醬放冰箱冷藏，可作為蘸醬使用。

韓式烤牛肉拌飯

50 分鐘

韓式烤牛肉是所有韓國人熟悉又喜歡的味道，也很經常做成拌飯。配菜的變化可以有各種組合搭配，本食譜是參考韓綜《尹食堂》的作法，將各種清炒蔬菜和生菜組合起來，滋味與口感相當豐富，並搭配了醬油拌飯汁，味道鹹甜清新，不蓋過食材本身的味道，是一款讓人味蕾舒服又滿意的家常拌飯。

▌ 材料（2人份）

白飯・2人份
牛肉・250g
洋蔥・半顆
菠菜・8株
櫛瓜・半根
（蘿蔓）生菜・4張
蘑菇・6朵
紅蘿蔔・半根
黃（紅）彩椒・半個
雞蛋・2顆
芝麻油・少許

牛肉調味料

醬油・1.7～2大匙
＊喜歡鹹一點的，醬油2大匙
糖・1大匙
料理酒・1大匙
梨子泥・1大匙
蒜末・0.5大匙
黑胡椒粉・少許

菠菜調味料

醬油・0.3大匙
蒜末・0.5小匙
芝麻油・1小匙
黑胡椒粉・少許
白芝麻・少許

醬油拌飯汁

醬油・2大匙
糖・1大匙
梨子汁・1大匙
＊梨子磨成泥後，用濾網過濾掉梨子泥，只取梨子汁
料理酒・1大匙
水・1大匙

▌ 作法

1　牛肉切成一口大小的2mm薄片，以廚房紙巾按壓吸掉血水。

2　大碗中放入所有牛肉調味料材料混合均勻後，放入牛肉揉拌均勻入味，放冰箱醃至少30分鐘。
＊或直接使用第109頁的韓式烤牛肉製作本食譜。

3　平底鍋加適量食用油，放入醃好的牛肉炒熟盛起備用。

4　醃肉同時，將洋蔥、黃（紅）椒、紅蘿蔔切絲；生菜切成一口大小；蘑菇切薄片；櫛瓜切片後切絲。

5　將所有蔬菜分別清炒：炒的時候鍋內放少許油，放入蔬菜及一小撮鹽將蔬菜炒軟即可。

6　菠菜洗淨後，放滾水中汆燙15～20秒撈起，放入涼水中冷卻後用手擠掉水分，以菠菜調味料拌一拌。

7　碗中放入1人份白飯、一半份量的牛肉及適量蔬菜配料，再把煎好荷包蛋放置中心，淋上少許芝麻油即完成。另一碗也重複以上步驟一起上桌，淋上適量醬油拌飯汁，將所有材料與飯一起拌一拌後享用。

豆腐大醬拌飯

45 ～ 50 分鐘

將各種蔬菜及材料與大醬一起燉煮再製的調味醬料，可作為拌飯醬或包飯醬，我們家喜歡加入豆腐做成豆腐大醬。想要快速簡單地解決一餐時，我只要準備一碗飯，搭配一些生菜和配菜，放上幾勺豆腐大醬後拌一拌，就是一頓令人滿足的家常美味！

▌ 材料（2人份）

白飯・2人份
板豆腐・200g
乾香菇・5朵
洋蔥・半顆
櫛瓜・1/3根
大蔥・1根
辣椒・2根
芝麻油・1大匙
水・300ml
＊泡乾香菇用

調味大醬材料

大醬・3大匙
韓式辣椒粉・1小匙
蒜末・1大匙
芝麻油・0.5大匙
糖・1小匙
黑胡椒粉・少許
香菇水・200ml
＊水300ml香菇泡發後的餘量

拌飯配菜

韭菜・20g
＊切成5公分長段，份量可增減

垂盆草・40g
＊可用其他生菜替代，切成一口大小，份量可增減

秀珍菇・適量
＊清炒後用少許鹽調味

▌ 作法

1 乾香菇提前泡溫水30分鐘，泡發後取出並擠掉水分，香菇水則留著備用。

2 豆腐切1公分厚小方塊；香菇、洋蔥、櫛瓜切成0.5公分厚小塊；大蔥切蔥花（粗）；辣椒切圈（粗）。

3 碗中放入所有調味大醬材料，混合均勻備用。

4 鍋中倒入1大匙芝麻油，放入洋蔥、香菇、櫛瓜炒香。

5 接著倒入調製好的調味大醬，用中火煮滾至收汁至2/3水量時放入豆腐、大蔥和辣椒，輕輕翻拌後繼續煮4～5分鐘至豆腐入味關火，完成豆腐大醬。
＊可收汁至喜歡的稠度，如太稠則適度加水。

6 碗中盛入1人份白飯，放上適量韭菜段、垂盆草（或切成一口大小的生菜）、清炒秀珍菇，淋上適量豆腐大醬，另一碗也重複以上步驟完成，將飯與材料拌一拌後享用。

辣拌蛤蜊拌飯

30 分鐘

STORY

每次在超市看到鮮美肥碩的蛤蜊時，我總會想要做這道辣拌蛤蜊拌飯。新鮮的蛤蜊煮開後肉與殼分離，將Q彈有咬勁的蛤蜊肉拌入特製醬汁，再準備幾款生菜作搭配，鮮味十足的蛤蜊拌飯讓人胃口大開！

▌材料（2人份）

白飯・2人份
蛤蜊・800g
＊去殼後純蛤蜊肉約160g
紅椒・半個
黃椒・半個
海苔・適量
＊剪絲或碾碎使用
生菜・適量
白芝麻・少許
芝麻油・少許
＊本食譜使用的蛤蜊屬菲律賓蛤仔（或稱花蛤）

調味醬

韓式辣椒粉・3.5大匙
醬油・4大匙
糖・2小匙
料理糖漿・2小匙
芝麻油・1大匙
白芝麻・2大匙
＊搗磨後使用更香醇
青蔥末・2大匙
蒜末・1.5大匙

▌作法

1 滾水中放入1大匙鹽、1大匙料理酒及吐沙洗淨的蛤蜊，以大火煮滾，當蛤蜊一打開即撈起。
＊料理酒可使用清酒、燒酒、米酒等，加鹽和料酒有助於去除腥味。

2 將蛤蜊放涼後，用叉子將肉殼作分離，蛤蜊肉備用。
＊高湯可留作其他湯料理使用！

3 紅椒與黃椒去籽後，切成小丁；嫩芽生菜洗淨瀝乾備用。
＊這裡的生菜使用的是嫩芽生菜，也可以使用其他生菜（如蘿蔓生菜），切成一口大小後使用。紅椒與黃椒可擇一使用，或是以生洋蔥丁替代。

4 小碗中放入所有調味醬材料，混合均勻。

5 碗中放入蛤蜊肉，加入2大匙調味醬拌一拌備用。
＊剩餘的調味醬留著作為拌飯醬。

6 碗中放入1人份白飯、一半份量的調味蛤蜊肉，適量的嫩芽生菜、紅椒與黃椒丁、海苔絲，淋上些許調味醬，撒上白芝麻、淋上少許芝麻油後完成，另一碗也重複以上步驟製作，將所有材料拌一拌享用。

辣炒豬肉拌飯

50 分鐘

STORY

辣炒豬肉這道料理經常出現在韓國人的飯桌上，除了菜包肉吃法，有時可以加顆荷包蛋做成蓋飯，或搭配其他配菜做成辣炒豬肉拌飯。辣炒豬肉鹹香微辣的調味，和其他生菜及涼拌素菜搭配著吃口感豐富又滋味平衡，是每次吃每次都能讓人味覺感到滿足的常勝軍料理！

▌材料（2人份）

白飯・2人份
豬肉・250g
洋蔥・1/3顆
涼拌黃豆芽・120g
＊黃豆芽滾水汆燙3分鐘後撈
　出，於冷水中冷卻後擠掉
　水分，以少許鹽調味
生拌蘿蔔絲・120g
＊作法見第178頁
（蘿蔓）生菜・4張
紫蘇葉・8張
海苔・適量
＊剪絲或碾碎使用
雞蛋・2顆
芝麻油・少許
白芝麻・少許
＊搗磨後使用更香

豬肉調味醃料
韓式辣椒粉・1大匙
韓式辣椒醬・1.5大匙
料理酒・1大匙
醬油・0.7大匙
蒜末・0.5大匙
糖・0.7大匙
芝麻油・0.5大匙
黑胡椒粉・少許

▌作法

1 豬肉切成薄片，再切成方便食用的一口大小。

2 洋蔥切絲；生菜與紫蘇葉切絲。

3 大碗中放入所有豬肉調味醃料材料混合均勻。

4 將豬肉放入調味醃料中，用手均勻揉拌後醃至少30分鐘。

5 平底鍋倒入0.5大匙食用油，先放入洋蔥絲炒香，接著放入醃好的豬肉炒至熟透後完成辣炒豬肉。

6 碗中放入1人份白飯，放入一半份量的豬肉、適量的涼拌黃豆芽、生拌蘿蔔絲、生菜絲與紫蘇葉絲，接著放上少許碎海苔、煎荷包蛋、淋上少許芝麻油及撒上白芝麻完成。另一碗也重複以上步驟製作上桌，將所有材料與飯拌一拌後享用。

＊ 可直接使用第117頁的辣炒豬肉製作本料理。平日我會一次性醃好多人份的辣炒豬肉，有時包生菜吃，有時則做成拌飯。

泡菜辣拌麵

20 分鐘

STORY

這是韓式家常拌麵中最容易的一道,只要有泡菜和基礎調味料就可以輕鬆快速完成!沒時間做飯的日子,只要下個麵、放入泡菜和調味醬拌一拌,就是美味爽口的一餐。吃烤五花肉的時候,也可以準備這款拌麵,酸甜帶辣的調味和爽口解膩的泡菜,可以平衡五花肉的油膩感!

▌ 材料 (1人份)

白細麵・1人份
＊約100g
泡菜・150g
黃瓜・1/4根
水煮蛋・半顆

拌麵調味醬

韓式辣椒醬・1大匙
韓式辣椒粉・0.5大匙
糖・1大匙
醋・1大匙
醬油・0.5大匙
蒜末・0.3大匙
芝麻油・0.5大匙
白芝麻・0.5大匙
＊白芝麻搗磨後使用更香

▌ 作法

1 泡菜切一口大小。

2 小黃瓜切絲;水煮蛋對半切備用。

3 小碗中加入拌麵調味醬的所有材料,混合均勻。

4 起一鍋滾水,按照包裝指示時間煮麵。

5 煮好的麵放進冷水,用手來回搓洗幾次,洗去表面的澱粉質後將水擠掉瀝乾。

＊ 麵表層滑滑又黏糊糊的澱粉質,用冷水快速洗去,麵條吃起來口感更好!

6 瀝乾的麵放進大碗,加入泡菜和拌麵調味醬料拌勻。

＊ 每款泡菜鹹度不同,調整鹹淡沒把握時,調味醬不一次全放,先少量拌勻後試吃味道,再慢慢加量調整。

7 大碗中盛入拌好的泡菜拌麵,放上黃瓜絲、半個水煮蛋、撒上些許白芝麻裝飾即可享用。

＊ 拌麵現拌現吃才美味,麵條經過長時間放置會變得黏糊失去最佳口感!

蕎麥冷麵

30 分鐘

▌ 材料（1人份）

蕎麥麵・1人份
＊約100g
黃瓜・1/4根
水煮蛋・半顆
冷麵湯（水蘿蔔泡菜汁）・
約130ml
＊可增減，冷麵湯可用市售產
　品，或參考第167頁作法
海苔、白芝麻、嫩葉生菜、
芝麻油・適量
＊白芝麻先搗磨後使用更香

▌ 拌麵醬料（6〜7人份）

蘋果・半顆
＊約70g
洋蔥・半顆
＊約130g
韓式辣椒粉・5大匙
糖・3大匙
醋・4大匙
醬油・4大匙
蒜末・1大匙
梅子醬・2大匙
＊可用料理糖漿替代
黃芥末醬・0.5〜1小匙
芝麻油・1大匙
鹽・1〜1.5小匙
＊可增減

▌ 拌麵醬料提前製作

將蘋果、洋蔥切小塊放入攪拌機攪
成泥狀後，加入韓式辣椒粉等其他
調味料，攪拌均勻。

＊ 拌麵醬料調製好後嚐一下鹹淡，根據
　個人口味可加鹽調整。

＊ 拌麵醬料調製好放冰箱熟成，熟成3小
　時以上風味更佳。

＊ 拌麵醬料可一次性做多一點，密封好
　放冰箱冷藏熟成，熟成一週以上味道
　更深厚。每次要吃的時候，舀出要吃
　的份量即可。

▌ 作法

1 小黃瓜切絲；水煮蛋對半切；海
苔剪絲。

2 起一鍋滾水，按照包裝指示時間
煮麵。

3 煮好的麵放進冷水，用手來回搓
洗幾次，洗去表面的澱粉質後將
水擠掉瀝乾。

＊ 麵表層滑滑又黏糊糊的澱粉質，用冷
　水快速洗去，麵條吃起來口感更好！

4 瀝乾的麵放進碗中，放上黃瓜
絲、嫩葉生菜、從邊緣倒入些許
冰鎮的冷麵湯。

5 接著放上一大匙拌麵醬料、適量
的海苔絲、水煮蛋，撒上些許白
芝麻，最後淋一圈芝麻油完成上
桌！

춘천식

這道蕎麥冷麵是春川式作法。每每
到春川旅遊人們總必吃辣炒雞排，
而辣炒雞排的旁邊就常會出現這款
蕎麥冷麵。蕎麥麵上有各種新鮮蔬
菜、海苔、芝麻作為配菜，加入幾
勺特製醬料後，還會倒入些許冷麵
湯，將所有食材拌在一起後就成為
滋味無窮、令人著迷的滋味。每到
夏天，我就會製作大量的拌麵醬料
放冰箱保存，只要下個麵，準備好
配菜就可以隨時享用，非常方便！

雞絲芥末湯冷麵

45 分鐘

▌材料（2人份）

雞胸肉・250g
水蘿蔔泡菜汁・300ml
＊可使用市售冷麵湯包或參考第
167頁作法
蕎麥麵・2人份
＊也可使用白細麵
黃瓜・半根
白蘿蔔・50g

雞高湯材料
洋蔥・半顆
大蔥・1根
蒜・5～8瓣
黑胡椒粒・0.5大匙
水・800ml

白蘿蔔醃漬材料
水・5大匙
醋・2大匙
糖・2大匙

冷湯調味料
黃芥末醬・0.5大匙
醋・2大匙
糖・1大匙
醬油・1大匙
鹽・0.2小匙

其他調味料
鹽・少許
黑胡椒粉・少許

STORY

這款清爽低熱量的韓式冷麵非常適合夏天享用，加入黃芥末的冷麵湯喝起來別有風味，毫不油膩的雞胸肉絲搭配醃漬小黃瓜和酸甜白蘿蔔作為配菜，吃起來更有口感，是一款低熱量卻讓人十分滿意的輕盈美味！

▌作法

1 鍋中放入雞胸肉和所有雞高湯材料，以大火煮滾後轉中小火續煮30分鐘。

2 小黃瓜切成薄片，加入一小撮鹽抓拌均勻後靜置30分鐘，黃瓜出水後擠掉水分。

3 白蘿蔔切成薄片，放入白蘿蔔醃漬材料，均勻拌一拌後醃漬30分鐘。

4 將高湯材料撈出，雞高湯放涼備用；雞胸肉放涼撕成雞肉絲，以少許鹽與黑胡椒粉調味。

5 雞高湯取300ml，加入水蘿蔔泡菜汁300ml及所有冷湯調味料材料，攪拌均勻後將冷湯放進冷凍庫冰鎮。

＊ 冷湯放進冷凍庫冰2～3小時會變成冰砂狀，吃起來更加清涼冰爽！

6 起一鍋滾水，按照包裝指示時間煮麵，煮好的麵放進冷水，用手來回搓洗幾次，洗去表面的澱粉後將水瀝乾。

7 瀝乾的麵分裝至2個碗中，每碗皆放上適量的白蘿蔔片、黃瓜和雞肉絲，接著倒入適量冰鎮好的芥末冷湯完成。

＊ 沒放冷凍庫冰鎮的冷湯也可改放幾顆冰塊，吃起來一樣清爽冰涼！

＊ 此食譜使用的雞高湯和雞絲，可直接使用清燉雞絲湯的雞高湯與雞絲，請參考第83頁作法。

大盤蕎麥麵

30 分鐘

這道拌麵繽紛多彩，還沒開動之前視覺就令人感到滿足。將各式各樣的蔬菜切成絲狀，搭配冰冰涼涼的蕎麥麵，再淋上酸甜帶微辣的特製拌麵醬，天氣炎熱的時候，來一盤大盤蕎麥麵，一掃食慾不振。

▌ 材料（2人份）

蕎麥麵‧2人份
小黃瓜‧1/4根
紅蘿蔔‧1/4根
（蘿蔓）生菜‧2〜3張
洋蔥‧1/6顆
紫蘇葉‧5張
紅椒/黃椒‧各1/2個
紫甘藍‧25g
高麗菜‧25g
水煮蛋‧1顆

拌麵調味醬
韓式辣椒醬‧1大匙
韓式辣椒粉‧1大匙
水‧1大匙
洋蔥泥‧1大匙
＊洋蔥用磨泥器提前磨好
醬油‧1大匙
糖‧1.5大匙
料理糖漿‧1大匙
醋‧2大匙
蒜末‧0.5大匙
芝麻油‧1大匙
白芝麻‧1大匙
＊白芝麻搗磨後使用更香
黃芥末醬‧0.5大匙

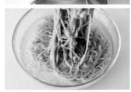

▌ 作法

1 小黃瓜、紅蘿蔔切片後切細絲；洋蔥、紅椒、黃椒切細絲。

2 生菜、紫甘藍、高麗菜、紫蘇葉切細絲。
＊ 紫甘藍、高麗菜可利用刨絲器。

3 碗中加入拌麵調味醬的所有材料，混合均勻。

4 起一鍋滾水，按照包裝指示時間煮麵。

5 煮好的麵放進冷水，用手來回搓洗幾次，洗去表面的澱粉質後將水擠掉瀝乾。

6 在大盤周圍依序放上繽紛的蔬菜，接著於中心放上蕎麥麵、水煮蛋、淋上調味醬後完成。將麵與所有材料、調味醬拌一拌後享用。

＊ 調味醬料不一次性全加，根據麵與配菜的份量，邊拌邊加量，調整出鹹淡恰當的味道。

49

牛五花生菜拌麵

20 分鐘

經典的韓式拌麵醬滋味酸甜微辣，將生菜和洋蔥絲一起拌入細麵中，吃起來多分清爽與口感，還加碼香嫩的牛五花作為配菜，肉的油香與生菜、細麵絕佳地組合在一起，豐盛飽足！

▌ 材料 (2人份)

白細麵・2人份
牛五花・100g
＊也可使用其他肉片
（蘿蔓）生菜・5～6張
洋蔥・1/4顆
紫蘇葉・5張
＊裝飾用可省略

拌麵調味醬
韓式辣椒醬・1.5大匙
醬油・1大匙
糖・1.5大匙
料理糖漿・1大匙
＊或蜂蜜取代
醋・1～2大匙
＊喜歡酸味重一點的2大匙
蒜末・0.5大匙
芝麻油・1大匙
白芝麻・1大匙
＊白芝麻搗磨後使用更香
黑胡椒粉・少許

▌ 作法

1 生菜切成一口大小；洋蔥切細絲；將所有紫蘇葉一起捲起後切細絲備用。

2 小碗中加入拌麵調味醬的所有材料，混合均勻。

3 起一鍋滾水，按照包裝指示時間煮麵。

4 煮麵的同時，將肉片一片片放上平底鍋，撒少許鹽調味，煎熟後盛起備用。

5 煮好的麵放進冷水，用手來回搓洗幾次，洗去表面的澱粉質後將水擠掉瀝乾。

6 瀝乾的麵放入大碗，加入拌麵調味醬料拌勻後，放入生菜、洋蔥絲均勻輕拌。
＊ 調整鹹淡沒把握時，調味醬不一次全放，先少量拌勻後試吃味道，再慢慢加量調整。

7 大碗中盛入1人份拌麵，放上一半份量的牛五花、適量紫蘇葉細絲、撒上些許白芝麻裝飾即可享用。另一碗也重複以上步驟完成。
＊ 拌麵現拌現吃才美味，麵條經過長時間放置會變得黏糊失去最佳口感！

蛤蜊刀切麵

35 ～ 40 分鐘

鮮美的蛤蜊海鮮高湯加入洋蔥與櫛瓜等蔬菜，湯頭更加清甜爽口了！搭配有咬勁的刀切麵及鮮嫩蛤蜊，再淋上特製醬汁，鮮甜中增添些許香辣滋味，這一碗絕對是讓人身體暖呼呼、內心滿足的滿分湯麵！

▌ 材料（2人份）

蛤蜊・500g
刀切麵・2人份
＊約300g
洋蔥・1/3顆
紅蘿蔔・1/4根
櫛瓜・1/3根
鹽・少許
＊調整鹹淡，可增減

鰻魚昆布高湯材料

水・1.6L
高湯用鰻魚乾・15個
昆布・5×5公分2片
大蔥・1根

調味醬汁

辣椒末・1大匙
醬油・1大匙
蒜末・1小匙
蔥末・1大匙
芝麻油・1小匙

▌ 作法

1　大鍋中放入所有鰻魚昆布高湯材料，先用大火煮滾後轉中小火煮5分鐘，將昆布先撈出後續煮15分鐘，將所有材料撈山完成鰻魚高湯備用。

2　洋蔥、櫛瓜與紅蘿蔔切絲。
＊　細度適中，保有一定厚度為佳，等下蔬菜煮過後才能保留形狀不至於煮得過爛。

3　小碗中放入所有調味醬汁材料，混合均勻。

4　完成的鰻魚高湯中放入吐沙且洗淨的蛤蜊，以大火煮滾，當蛤蜊一打開即撈起，將蛤蜊鰻魚高湯與蛤蜊分開備用。

5　湯中放入洋蔥、紅蘿蔔絲及刀切麵，用大火煮滾後，轉中火繼續煮約3分鐘。

6　接著放入櫛瓜絲、蛤蜊與少許鹽煮滾，轉中小火續煮約2分鐘完成，佐以調味醬汁一起上桌享用。
＊　完成的蛤蜊刀切麵關火前，可放上一些辣椒片或蔥片作為裝飾，更加色香味俱全。

一起來做韓式紫菜包飯！

你也喜歡吃韓式紫菜包飯嗎？這一根根的美味飯卷可以讓人飽餐一頓，也是野餐或出遊時最佳的點心小吃。韓國的飯卷包法千變萬化，可以包進去的材料也是非常多樣，想做出美味的紫菜包飯，必須要花點心思在口味與口感的組合搭配上，因為紫菜包飯的迷人之處就在於一口吃下時，各種美妙滋味在嘴裡一起迸發及其伴隨而來的豐富口感體驗。以下分享食材搭配小技巧及包飯卷的注意事項，掌握之後任何人都可以嘗試做出屬於自己口味的飯卷組合！

多種材料組合，搭配有主次

一條以豐盛食材做出來的飽滿飯卷，其好吃的機率更勝於材料單薄的飯卷。但材料也不是只要多就好，在材料搭配上要有主次，可以事先想像放進口中時想要突出的重點是什麼，定下主角和配角後，在材料的準備與用量上也隨之調整。比如午餐肉泡菜飯卷，午餐肉香鹹、泡菜微酸微辣，兩者加起來味道已相當突出，這時候再放入其他重口味的調味肉料理就較不適合，反而是柔軟淡雅的雞蛋條和清甜炒紅蘿蔔絲可以襯托午餐肉泡菜，中和口感、平衡味道。通常選擇一款肉類作為主材料的話，搭配材料可以有炒紅蘿蔔絲、黃瓜絲、菠菜、雞蛋條（雞蛋絲）、醃黃蘿蔔、生辣椒、炒彩椒絲、生菜，以及其他簡單調味的蔬菜都可以試試看。

口味的平衡

當你的主材料為調味過且味道較重的肉類，這時候試著搭配生菜及沒有太多調味的蔬菜來平衡味道。以辣炒豬肉飯卷為例，辣炒豬肉味道較為重鹹偏辣，將生菜一起包進飯卷中，就像吃菜包肉般每一口的滋味都是那麼平衡且美味；或是將五花肉包進飯卷時，除了生菜還可以搭配醃蘿蔔片，酸酸甜甜的滋味能平衡油膩感。此外，在製作紫菜包飯時，醃漬黃蘿蔔條（作法見第181頁）是我最喜歡用的材料之一，酸甜滋味和清脆口感，總是可以起到畫龍點睛的作用，相當百搭。

豐富的口感

一條好吃的飯卷，豐富的口感可説是不容忽視的要點。滑順香醇的美乃滋鮪魚，更適合搭配的是清香爽脆的小黃瓜絲；鹹香有咬勁的烤牛肉則適合搭配口感清脆的生菜；柔軟的雞蛋條與雞蛋絲、酸甜清脆的醃黃蘿蔔條，試著將不同口感的食材組合起來，一條材料豐盛飽滿的紫菜包飯，吃起來一定不無聊！

生菜的作用

米飯上面先鋪層生菜再放上其他食材的目的，是希望生菜能起到阻隔的作用，避免材料的水氣、油分或調味醬汁滲透至米飯與海苔，使飯卷失去口感。因此，每當飯卷要包入較為溼潤的材料時，我都會鋪上一層生菜，大大降低海苔變軟爛、包起來不好看的機率。此外，當包入調味較鹹、味道較重的材料，生菜的清脆口感與清香口味，也能平衡味道、豐富口感。生菜的使用上，較常見的有蘿蔓生菜、紫蘇葉或其他萵苣類生菜！

視覺也是美味的一部分

繽紛飽滿的紫菜包飯總是讓人垂涎三尺，可以說紫菜包飯的美味是從視覺開始的。要包出好看的紫菜包飯有幾項要領：(a)變軟爛的海苔很難包出好看的飯卷，因此捲的時候，要飯與材料都沒有熱氣的時候再開始捲，避免水氣使海苔軟化；蔬菜炒過或汆燙過要擠掉（瀝乾）水分，降低出水的可能；有醬汁或油分的食材，可於白飯上面鋪一層生菜阻斷水分和油分；生菜也要擦乾水分後再使用。(b)捲的時候，海苔粗糙面朝上放上米飯，米飯盡量鋪均勻，邊角都要補齊米飯，飯的厚度也不要太厚。(c)材料要豐盛充足飯卷才會飽滿好看，捲的時候將食材緊密拉緊，減少中間空隙，一條扎實的飯卷在切的時候才不容易散掉。最後捲起的接合處，於海苔上沾黏一些米飯再捲起來可以避免飯卷散開，切的時候刀面抹上一些芝麻油會更容易切得工整。

鮪魚小黃瓜紫菜包飯

40 分鐘

這是一款用鮪魚罐頭就能輕鬆做出的經典口味飯卷。鮪魚加入美乃滋後變得濃郁滑順,搭配醃漬過的小黃瓜,增加了清脆的口感,是隨時吃都沒有負擔、相當清爽美味、個人最喜歡的紫菜包飯之一!

▌ 材料（2條）

白飯・300g
紫菜包飯用海苔・2張
鮪魚罐頭・150g
韓式魚板・2張
雞蛋・2顆
小黃瓜・1根
醃黃蘿蔔・2條
紅蘿蔔・70g
紫蘇葉・4張
美乃滋・2大匙

其他調味料

鹽・少許
＊雞蛋與紅蘿蔔調味;黃瓜鹽漬

醬油・1.5小匙
＊魚板調味

糖・1小匙
＊魚板調味

料理酒・1小匙
＊魚板調味

黑胡椒粉・少許
＊鮪魚調味

米飯調味

鹽・0.5小匙
白芝麻・1小匙
芝麻油・1小匙

▌ 作法

1 將煮好的米飯趁熱加入米飯調味料,用飯勺輕輕攪拌均勻,飯放涼備用。

＊ 飯趁熱的時候加入調味料更易入味。

2 紅蘿蔔切細絲;魚板切細絲;小黃瓜中間的內籽去除後切長絲。

3 小黃瓜絲加入0.2小匙鹽,拌一拌後靜置20分鐘,將水分擠掉。

4 雞蛋打勻後加一小撮鹽調味,平底鍋放入1小匙油加熱,用廚房紙巾將油抹勻後倒入雞蛋液,將蛋液捲起成蛋卷,接著將蛋卷切成長條狀。

5 同個平底鍋放入1小匙油,放入紅蘿蔔絲與0.2小匙鹽,用中火翻炒約2分鐘至變軟盛起備用。

6 同個平底鍋加入魚板絲炒一炒,加入醬油、糖、料理酒翻炒均勻盛起備用。

7 鮪魚罐頭的多餘油分瀝掉放入碗中,加入2大匙美乃滋與少許黑胡椒粉,均勻拌一拌。

8 海苔粗糙那面朝上,鋪上薄薄的一層飯,上方留一點空間不鋪飯,將2張紫蘇葉鋪上,依序放上美乃滋鮪魚、雞蛋條、紅蘿蔔絲、魚板絲、醃黃蘿蔔、小黃瓜絲後捲起。完成的飯卷表面刷上少許芝麻油、撒上白芝麻,切成1公分大小完成。重複以上作法完成第二條飯卷。

韓式烤牛肉紫菜包飯

35分鐘

經典的家常料理韓式烤牛肉也很經常被拿來做成紫菜包飯，我們家喜歡鹹甜的韓式烤牛肉搭配很多生菜、小黃瓜及其他蔬菜，不僅能平衡肉的滋味也豐富了口感，是一款吃不膩的紫菜包飯組合喔！

▌ 材料（2 條）

白飯・300g
紫菜包飯用海苔・2張
韓式烤牛肉・250g
＊作法見第109頁，提前醃好
生菜・10張
醃黃蘿蔔條・2條
紅蘿蔔・90g
小黃瓜・1根

米飯調味

鹽・0.5小匙
白芝麻・1小匙
芝麻油・1小匙

▌ 作法

1 將煮好的米飯趁熱加入米飯調味料，用飯勺輕輕攪拌均勻，飯放涼備用。

＊ 飯趁熱的時候加入調味料更易入味。

2 紅蘿蔔切絲；小黃瓜中間內籽去除切長絲。

3 小黃瓜絲加入0.2小匙鹽，拌一拌後靜置15～20分鐘，將水分擠掉備用。

4 平底鍋放入1小匙油，放入紅蘿蔔絲與0.2小匙鹽，用中火翻炒約2分鐘至變軟，盛起備用。

5 同個平底鍋放入少許食用油，將提前醃好的牛肉炒熟盛起備用。

6 海苔粗糙那面朝上，鋪上薄薄的一層飯，上方留一點空間不鋪飯，將4～5張生菜鋪在米飯上後放上適的牛肉。

＊ 生菜鋪兩層口感更清脆，請根據生菜大小使用4～5張生菜鋪好鋪滿。

7 接著依序放上小黃瓜絲、紅蘿蔔絲、醃黃蘿蔔條。將所有材料捲起，完成的飯卷表面刷上少許芝麻油，撒上白芝麻，切成1公分大小完成。重複作法6～7完成第二條飯卷。

＊ 米飯上面放生菜，能避免肉汁和水分滲透到米飯裡面。此外，生菜與肉的搭配讓飯卷不膩又清爽。

雞蛋卷紫菜包飯

25 分鐘

將冰箱有的各種零碎材料做成雞蛋卷後包入飯卷中，作法既簡單又美味，前幾年在韓國網路上，可是相當具有人氣的一道變化版紫菜包飯呢，大家也來試看看！

▌材料（1條）

白飯・150g
紫菜包飯用海苔・1張
雞蛋・4顆
青蔥・5支
蟹肉棒・2條
紅椒・半個
鹽・少許
*雞蛋調味

米飯調味

鹽・0.2小匙
白芝麻・0.5小匙
芝麻油・0.5小匙

▌作法

1 將煮好的米飯趁熱加入米飯調味料，用飯勺輕輕攪拌均勻，飯放涼備用。

2 蔥切細蔥花；蟹肉棒切末；紅椒去內籽後切末備用。
＊ 雞蛋卷可加入各種材料，如紅蘿蔔取代紅椒、火腿/午餐肉取代蟹肉棒。

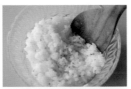

3 雞蛋打勻後加一小撮鹽調味，加入蔥花、蟹肉棒末、紅椒末攪拌均勻。

4 平底鍋放入1小匙油加熱，用廚房紙巾將油抹勻後，倒入約1/2的雞蛋液，將蛋液平鋪以中小火煎至半熟狀態後，用鏟子將其從內而外慢慢捲起。
＊ 一開始捲的時候盡可能捲小，中間不留空隙緊密地推進，慢慢滾成渾厚的圓條狀。

5 接著倒入另外一半的雞蛋液，重複以上動作將所有蛋液捲成圓形的雞蛋卷後，翻轉各面以小火慢慢靜置加熱，確保內部皆熟透後盛起。

6 盛起的雞蛋卷放入飯卷捲簾中捆好，靜置放涼定型。

7 海苔粗糙那面朝上，鋪上薄薄的一層飯，上方留一點空間不鋪飯，將雞蛋卷放上捲起，切成1公分厚度的大小完成。
＊ 飯卷可蘸番茄醬或美乃滋吃更加美味唷！

午餐肉泡菜紫菜包飯

<u>35 分鐘</u>

▋ 材料（2條）

白飯・300g
紫菜包飯用海苔・3張
泡菜・150g
午餐肉・80g
雞蛋・2顆
起司片・4片
蟹肉棒・2條
＊非必要
紅蘿蔔・70g
紫蘇葉・8張
＊或其他生菜替代

米飯調味
鹽・0.5小匙
白芝麻・1小匙
芝麻油・1小匙

泡菜調味
糖・0.5小匙
芝麻油・少許

STORY

午餐肉和泡菜是美味絕佳的不敗組合，做成紫菜包飯追加放入濃郁的起司以及清香的紫蘇葉，再搭配鬆軟雞蛋條及繽紛配菜，當所有的美味交合在一起，總讓人忍不住一塊接一塊，絕對是令人味蕾滿足的韓式飯卷饗宴。

▋ 作法

1 將煮好的米飯趁熱加入米飯調味料，用飯勺輕輕攪拌均勻，飯放涼備用。

2 紅蘿蔔切細絲；午餐肉切成粗條，共8條約1公分厚的短條；泡菜切成一口大小；蟹肉棒過熱水去除表面雜味和油脂；雞蛋打勻後加一小撮鹽調味備用。

3 平底鍋放入1小匙油加熱，用廚房紙巾將油抹勻後，倒入雞蛋液，將蛋液捲起成蛋卷，接著將蛋卷切成長條狀。

4 同個平底鍋放入1小匙油，放入紅蘿蔔絲與0.2小匙鹽，用中火翻炒約2分鐘至變軟盛起備用。

5 接著，平底鍋放1小匙油，放入午餐肉，煎至表面金黃後盛起備用；泡菜也放入平底鍋，加入泡菜調味料後炒一炒盛起備用。

＊炒泡菜之前，將泡菜汁擠掉，夾於葉片之間的蔬菜餡料也整理掉，飯卷成品才會看起來更加美觀。

6 將一張海苔剪對半，取一小撮米飯碾碎，將1/2張海苔與另外一張完整海苔用米飯相黏起來，做成更大一張的海苔。

＊當想要放的料較多的時候，可以將海苔像是拼接一樣黏起來，就可以做出材料更豐盛的大飯卷唷！

7 海苔粗糙那面朝上，鋪上薄薄的一層飯，上方留一點空間不鋪飯，將2張紫蘇葉鋪上，依序放上2片起司片、炒泡菜。

＊將起司片放上前先對半折，成為帶厚度的長方片。

8 再用2張紫蘇葉將起司和泡菜像蓋被子一樣蓋起來，於兩側放上適量的紅蘿蔔絲、兩長條午餐肉（由4短條拼接）、1條蟹肉棒、1條雞蛋條後捲起。完成的飯卷表面刷上少許芝麻油、撒上白芝麻，切成1公分大小完成，重複作法6～8完成第二條飯卷。

＊由於受熱的起司及泡菜都容易流動，會造成捲起後的飯卷不那麼美觀，因此先將食材用紫蘇葉包覆起來再捲起為佳。

魚板雞蛋絲紫菜包飯

35分鐘

將雞蛋煎成雞蛋皮後切成細細的雞蛋絲,大量地包進飯卷裡,不僅能讓飯卷口感飽滿柔軟、蛋香滿溢,視覺上也相當好看,搭配同樣切成絲的鹹甜魚板和酸甜蘿蔔絲,口感均勻美味,是一款備料簡單、作法容易的家常飯卷。

▎ 材料(2條)

白飯・300g
紫菜包飯用海苔・2張
韓式魚板・1張
雞蛋・4顆
紅蘿蔔・40g
鹽・少許
＊雞蛋調味

醬油・0.7小匙
＊魚板調味

糖・0.5小匙
＊魚板調味

料理酒・0.5小匙
＊魚板調味

米飯調味

鹽・0.5小匙
白芝麻・1小匙
芝麻油・1小匙

紅蘿蔔醃漬

鹽・0.5小匙
糖・1小匙
醋・1大匙

▎ 作法

1 將煮好的米飯趁熱加入米飯調味料,用飯勺輕輕攪拌均勻,飯放涼備用。

2 紅蘿蔔切細絲;魚板切細絲;雞蛋打勻後加一小撮鹽調味備用。

3 紅蘿蔔絲加入0.5小匙鹽、1小匙糖、1大匙醋,拌一拌後靜置20分鐘,將紅蘿蔔擠掉水分備用。

4 平底鍋放入1小匙油加熱,用廚房紙巾將油抹勻後,倒入1/2的雞蛋液,將蛋液平鋪煎成薄薄的雞蛋皮,接著將另外1/2的雞蛋液也按照以上步驟煎好後,雞蛋皮放涼備用。

5 兩張雞蛋皮整齊疊在一起後,捲起來切成細細的雞蛋絲。

6 同個平底鍋加入魚板絲炒一炒,加入醬油0.7小匙、糖0.5小匙、料理酒0.5小匙翻炒均勻盛起備用。

7 海苔粗糙那面朝上,鋪上薄薄的一層飯,上方留一點空間不鋪飯,將雞蛋絲、魚板絲和紅蘿蔔絲依序放上後捲起。完成的飯卷表面刷上少許芝麻油、撒上白芝麻,切成1公分大小完成。重複以上作法完成第二條飯卷。

＊ 此款飯卷味道清淡、蛋香醇厚,建議搭配黃芥末蘸醬蘸著吃更美味,黃芥末蘸醬作法見第237頁。

辣炒豬肉紫菜包飯

35 分鐘

家常料理辣炒豬肉也可以做成紫菜包飯，參考濟州島一家有
名的紫菜包飯專賣店，配料簡單但口味搭配得很好，是一款
味道香辣、吃了會上癮的飯卷。

▍材料（2條）

白飯‧300g
紫菜包飯用海苔‧3張
辣炒豬肉‧250g
＊作法見第117頁，提前醃好
紫蘇葉‧4張
（蘿蔓）生菜‧4張
醃黃蘿蔔條‧2條
綠辣椒‧1根
紅蘿蔔‧60g

米飯調味

鹽‧0.5小匙
白芝麻‧1小匙
芝麻油‧1小匙

調味醬

韓式大醬‧0.5大匙
韓式辣椒醬‧0.2大匙
蜂蜜‧0.5大匙
芝麻油‧0.2大匙
水‧0.5大匙

▍作法

1 將煮好的米飯趁熱加入米飯調味料，用飯勺輕輕攪拌均勻，飯放
涼備用。

2 紅蘿蔔用削皮刀削成薄片；辣椒對半切去籽；紫蘇葉與生菜洗淨
拭乾水分；豬肉炒熟備用。

3 將調味醬所有材料混合均勻備用。

4 平底鍋放入1小匙油，放入紅蘿蔔薄片與0.2小匙鹽，用中火翻炒
約2分鐘至變軟盛起備用。

5 海苔粗糙那面朝上，鋪上薄薄的一層飯，上方留一點空間不鋪
飯，將一張海苔對半切後置於米飯的中間。

6 依序放上2張生菜與一半份量的辣炒豬肉。

＊ 米飯上面放海苔與生菜，能避免肉汁和水分滲透到米飯裡面。同時，生菜
與鹹香的辣炒豬肉搭配，解膩又增加香脆口感。

7 接著用2張紫蘇葉蓋上，側邊放上適量紅蘿蔔片、1條醃黃蘿蔔
絲、再將半個辣椒的空心填入調味醬，面朝下放上飯卷，將所有
材料捲起，完成的飯卷表面刷上少許芝麻油、撒上白芝麻，切成1
公分大小完成。重複作法5～7完成第二條飯卷。

炒小魚乾迷你飯卷

20 分鐘

韓國人冰箱常見的常備小菜炒小魚乾也
很適合做成飯卷，尤其是做成這樣的小
飯卷，快速又簡單。炒小魚乾鹹鹹的鮮
味以美乃滋做中和，吃起來更加順口，
美乃滋裡面還可以加入辣椒末增添辣
味，或是將醃蘿蔔切碎加入美乃滋，則
多了酸甜滋味，絕對是簡單又讓人著迷
的好味道！

▋ 材料（約10條）

白飯‧300g
紫菜包飯用海苔‧2.5張
＊每一張海苔皆平分成4等分
　小張，共10小張
炒小魚乾‧70g
＊作法見第147頁
紫蘇葉‧5張
美乃滋‧3大匙
醃黃蘿蔔‧2條
＊非必要
辣椒‧1～2根

米飯調味
鹽‧0.5小匙
白芝麻‧1小匙
芝麻油‧1小匙

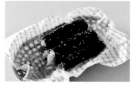

▋ 作法

1 將煮好的米飯趁熱加入米飯調味料，用飯
　勺輕輕攪拌均勻，飯放涼備用。

2 紫蘇葉洗淨擦乾，對半切；辣椒對半切去
　籽，切末；醃黃蘿蔔切末。

3 碗中加入3大匙美乃滋，將醃黃蘿蔔末、
　辣椒末加入美乃滋後拌勻。

4 小張海苔粗糙那面朝上，鋪上薄薄的一層
　飯，海苔上方留一點空間不鋪飯，放上半
　張紫蘇葉後，抹上少量美乃滋，接著放上
　適量辣炒小魚乾捲起。

5 完成的飯卷表面刷上少許芝麻油、撒上白
　芝麻完成。

餐餐都喝湯，居家韓味鍋物

嫩豆腐鍋

25 〜 30 分鐘

一鍋到底的嫩豆腐鍋做起來十分快速。以豬絞肉等材料先炒過辣椒粉，製成香噴噴的調味醬料後加入高湯，湯裡還加入了蛤蜊，味道更加辣爽鮮美。軟嫩的嫩豆腐加上有口感的碎泡菜、豬絞肉，再加一顆蛋，一鍋令人滿足的嫩豆腐鍋上桌，真的只差一碗白飯呢！

▌ 材料（2人份）

嫩豆腐・1包
＊約350g
豬絞肉・50g
蛤蜊・150g
大蔥・1/3根
洋蔥・1/5顆
泡菜・50g
紅綠辣椒・各半根
鯷魚昆布高湯・200ml
＊作法見第13頁，或使用水替代
雞蛋・1顆

調味料
韓式辣椒粉・1.5大匙
蒜末・1大匙
湯醬油・0.5大匙
＊或一般醬油
芝麻油・0.5大匙
食用油・0.5大匙

▌ 作法

1　（韓式）嫩豆腐對半切，將豆腐完整地倒出來後，切成6～7等分的厚塊，放在瀝網上瀝乾水分備用；蛤蜊洗淨吐沙處理。

2　大蔥切粗蔥花；辣椒斜切片；洋蔥切末；泡菜切碎。

3　鍋內放入0.5大匙食用油和0.5大匙的芝麻油，放入一半的蔥花炒香後，放入豬絞肉一起翻炒。

4　豬絞肉炒熟後放入洋蔥末、蒜末繼續翻炒至洋蔥水分炒乾，接著加入韓式辣椒粉、湯醬油再繼續炒一炒，注意火候控制，避免辣椒粉炒焦。

5　倒入備好的鯷魚昆布高湯以及蛤蜊，以中火煮滾。

6　蛤蜊打開時，放入嫩豆腐、碎泡菜繼續煮滾。

7　最後加入辣椒片、蔥花和雞蛋，再煮約一分鐘完成。

＊　加入嫩豆腐後會生水，湯的份量會增加，起鍋前嚐一下鹹淡，以湯醬油（或一般醬油）或鹽調整鹹度。

一人食，鍋

我通常煮嫩豆腐鍋時，不先加蛋，而是以一人份的陶鍋盛入要吃的份量加熱煮滾後才加一顆蛋，做成一人享用的嫩豆腐鍋。這樣的嫩豆腐鍋上桌，看起來更加美觀可口。煮多人份的時候，可以採用這個方法，確保每個人都有完整一鍋的嫩豆腐鍋，而且每鍋都可以加蛋，吃起來更滿足！這樣的一人食鍋吃法，不僅適用於嫩豆腐鍋，也經常應用在其他湯料理，如牛排骨湯、泡菜湯、大醬湯和清燉雞絲湯，用一般鍋子煮好多人份的湯後，再分裝至陶鍋加熱，一人一鍋更有韓式風味！

牛五花大醬湯

25 ～ 30 分鐘

韓式大醬湯有多種作法，可以加入海鮮或豬肉製作，而這道牛五花大醬湯作法則相當簡單，是使用取得容易的牛五花肉片，味道濃郁又能吃得相當飽足！炒過的肉片和各種蔬菜熬煮出來的湯頭十分香噴噴，不僅加入了大醬，還加了包飯醬，味道層次更是豐富，只要準備一碗白飯就能吃到見鍋底唷！

▌ 材料（2人份）

牛五花肉片‧150g
＊或使用其他部位的牛肉薄片，選擇帶點脂肪肉質柔軟的會更美味！
芝麻油‧1大匙
豆腐‧100g
櫛瓜‧1/3根
洋蔥‧1/3顆
大蔥‧半根
香菇‧2朵
紅綠辣椒‧各1根
鯷魚昆布高湯‧600ml
＊作法見第13頁，或以水替代
韓式大醬‧2.5大匙
＊可增減
韓式包飯醬‧1大匙
蒜末‧0.5大匙
韓式辣椒粉‧0.5大匙

▌ 作法

1　洋蔥切一口大小；櫛瓜切半月形狀；大蔥切粗蔥花；辣椒切圈（粗）；香菇與豆腐切1.5公分小塊。
＊喜歡馬鈴薯的人，也可以加入適量馬鈴薯，將馬鈴薯切成與洋蔥同等大小即可。

2　鍋內放入1大匙芝麻油，放入牛五花肉片炒一炒至牛肉完全變色後，放入大醬一起均勻拌炒。
＊大醬稍微先炒過能將因為久放產生的異味與雜味去除，同時去除肉的腥味，讓肉更加入味。
＊想要喝較為清爽的湯頭，可以在放大醬炒之前，將廚房紙巾折起用筷子夾住，將鍋底多餘的油分吸掉。

3　接著倒入鯷魚昆布高湯，加入韓式包飯醬，並於湯中攪散開來。

4　湯開始煮滾後，放入洋蔥、櫛瓜、香菇、大蔥以及蒜末、韓式辣椒粉進行調味。

5　當蔬菜都煮透後，嚐一下味道，覺得味道不夠的話適度加入大醬調整。最後放入豆腐和辣椒片繼續煮約1～2分鐘煮滾即完成。
＊每款牌子的大醬味道都不一樣，可以根據個人口味調整大醬用量。若感覺太鹹，加水或高湯調整。此外，大醬湯使用陶鍋煮會更加美味唷！

牛肉蘿蔔湯

35 ～ 40 分鐘

說這是韓式家常湯品中最簡單的一道也
不為過，一鍋到底且無須特別的材料，
用牛肉和白蘿蔔煮出來的湯頭，清澈甘
甜，熱騰騰地喝下會令身心都感到格外
舒服呢！

▌材料（2人份）

牛肉‧150g
＊脂肪較少的部位為佳
白蘿蔔‧300g
大蔥‧1根
水‧約1.2L

調味料

芝麻油‧1大匙
蒜末‧1大匙
湯醬油‧1大匙
鹽‧0.5大匙
＊可增減
黑胡椒粉‧少許
＊可增減

▌作法

1 白蘿蔔切成邊長約2.5公分的薄片；牛肉切
　一口大小，用廚房紙巾按壓吸掉血水；大
　蔥切蔥花。

2 鍋內倒入1大匙芝麻油，將牛肉放下去
　炒。

3 牛肉炒至變色後，將白蘿蔔也放進去一起
　炒。

4 白蘿蔔炒至半透明之後，倒入1.2L水以大
　火煮，煮滾後轉中小火熬煮15分鐘，接著
　蓋上蓋子繼續煮10分鐘。

5 撈起湯表面的泡沫與雜質，放入蒜末、湯
　醬油、鹽與黑胡椒粉調味，撒上蔥花煮約
　1分鐘完成。
＊ 沒有湯醬油的話，可使用一般醬油，但用量減
　半避免湯頭顏色過深，主要調味使用鹽即可。

年糕湯

<u>40 分鐘</u>

新年的第一天，韓國人一定會喝年糕湯，代表長大了一歲！年糕湯的湯底通常會使用牛骨湯、牛肉高湯或鯷魚高湯，香郁的湯頭與Q軟的年糕一口口吃下，口感滑順又溫暖。另外，韓國人也經常在年糕湯加入餃子，做成美味豐盛的餃子年糕湯。

▌ 材料（2人份）

湯用年糕・200g
牛肉薄片・80g
＊也可使用一整塊牛肉再切
　小塊或切絲
大蔥・1根
雞蛋・1顆
鯷魚昆布高湯・約600ml
＊見作法2，或用水取代
海苔・適量
＊裝飾用

鯷魚昆布高湯材料

高湯用鯷魚乾・6～7個
＊要去除內臟
昆布・5×5公分1張
水・800ml

調味料

芝麻油・0.5大匙
蒜末・0.2大匙
黑胡椒粉・少許
湯醬油・0.5大匙
＊可增減
鹽・少許
＊可增減

▌ 作法

1　年糕泡冷水15～20分鐘備用。
＊年糕提前泡水有助於之後更快地煮透，能保住口感並使湯頭保持清澈不混濁。

2　鍋內加入所有鯷魚昆布高湯材料，先用大火煮滾後轉小火煮5分鐘，將昆布撈出後繼續煮15分鐘，最後將鯷魚撈出完成鯷魚昆布高湯備用。

3　牛肉片用廚房紙巾吸掉血水後，切絲或切小塊；大蔥切蔥花；雞蛋打成蛋液。

4　起另外一鍋（或高湯舀出後使用原鍋），鍋內加入0.5大匙芝麻油，放入牛肉、蒜末、少許黑胡椒粉炒一炒。

5　牛肉炒熟後，加入鯷魚昆布高湯600ml，並加入湯醬油0.5大匙和少許鹽調味，煮滾後放入年糕，當年糕滾浮起來代表已熟透，嚐一下味道，可再加入湯醬油或鹽調整鹹淡。
＊煮滾後，將湯表面浮起的雜質和泡沫撈起。
＊如沒有湯醬油，也可使用一般醬油，但湯頭顏色較深及風味略有差異。

6　最後，將蛋液均勻倒入湯中，放入蔥花再煮滾即完成，盛碗後放上海苔絲裝飾。
＊也可以選擇將蛋液做成雞蛋絲裝飾。

清燉雞絲湯

80 ～ 90 分鐘

▌ 材料（4人份）

帶骨全雞・1kg
大蔥・1根
＊使用大蔥製作蔥花，最後會滿
　滿撒在湯上面，可根據個人喜
　好調整用量

高湯材料
洋蔥・1顆
大蔥・1根
大蒜・8～10瓣
黑胡椒粒・0.5大匙
水・3.5L

調味料
鹽・少許
黑胡椒粉・少許

▌ 作法

1　全雞從肚子中間剪開，切去雞屁股，接著將附著在骨頭上的內臟
　　血塊和雜質沖洗乾淨，脖子周圍與雞腿內側多餘脂肪剪除。

＊　雞要按照以上方式整理過，熬出來的雞湯才會清澈香甜。

2　高湯材料大蔥切成三等分；洋蔥對半切；大蔥切成蔥花備用。

3　準備一大深鍋，放入處理好的雞，加入所有高湯材料，開始大火
　　煮約35分鐘。

4　煮至雞腳踝的肉與骨頭已分離，代表雞肉已熟透，將雞先撈出來
　　放涼並關火。

＊　雞肉煮熟撈出，可避免肉過度熬煮後失去口感。

5　放涼的雞肉將雞肉與骨頭剝離開來，雞肉手撕成雞絲狀，加少許
　　鹽、黑胡椒粉調味拌一拌。

6　剝開來的雞骨頭放回湯裡，開中小火繼續熬煮並加1大匙鹽調味。

＊　此階段加入1大匙鹽僅做初步調味，上桌後可再根據個人鹹淡喜好，加入
　　鹽和黑胡椒粉作最終調味。

7　熬煮30分鐘以上至湯量濃縮至原本水量的一半左右時，將骨頭與
　　所有高湯材料撈出完成雞湯。

＊　雞絲肉和雞湯是分開保存的，食用不完的可冷藏，要吃的時候再加熱即
　　可；雞湯也可分裝後放冷凍庫作為高湯基底。

8　上桌前，將個人湯碗放入適量雞絲、滿滿的蔥花，再盛入熱騰騰
　　的雞湯，加些許鹽和黑胡椒粉調味即可享用。

여름 보양식

炎熱的夏日天氣，韓國人除了喝人蔘雞湯之外，也會煮整隻雞湯作為保養湯品。將整隻雞煮熟透後，再撕成小塊方便入口的雞絲，搭配香噴噴又清爽的雞湯以及滿滿的蔥花，這時候只要準備一碗飯就是妥妥的一餐，也可以將白飯直接放入湯中變成雞絲湯飯吃法唷！此外，這道料理的雞絲與雞湯也可以應用做出另一道夏季保養料理「雞絲芥末湯冷麵」（參考第 47 頁）。

泡菜豆芽湯

45 分鐘

這是一道只要有泡菜和黃豆芽就可以輕鬆完成的韓式家常湯品。這道湯的美味在於微辣爽快的泡菜湯頭和黃豆芽的香脆口感,豆芽在做的時候為了避免有豆腥味,我採用的是全程不蓋蓋子煮的作法,並為了讓湯頭更加乾淨清爽,還分享了一些處理泡菜的小撇步,大家快來試試看!

▋ 材料（2 人份）

泡菜·200g
泡菜汁·80ml
黃豆芽·200g
板豆腐·100g
大蔥·半根
辣椒·半根
＊可省略

調味料
蒜末·0.5大匙
韓式魚露·1大匙
＊也可以用湯醬油
韓式辣椒粉·0.5大匙
鹽·少許
＊可增減

高湯材料
高湯用鯷魚乾·12～15個
昆布·5×5公分2張
水·1.2L

▋ 作法

1 鍋內放入去除內臟的鯷魚乾、昆布及水,用大火煮滾後轉中小火繼續煮5分鐘,先將昆布撈出,接著繼續煮約15～20分鐘,將所有材料撈出完成鯷魚昆布高湯。

2 黃豆芽洗淨後瀝乾水分;泡菜切小塊;大蔥和辣椒斜切片;豆腐切小方塊。

3 鍋子內放入鯷魚昆布高湯、泡菜和泡菜汁,開始用中火煮,煮滾後繼續煮約5～8分鐘。

＊ 泡菜使用前要將夾在中間的泡菜調味配料（如蘿蔔絲、蔥絲）取出,泡菜汁則是先用網篩過濾,只取用純泡菜汁,這樣做湯頭喝起來才會更加清爽乾淨唷!

4 泡菜煮透後,放入韓式魚露、蒜末和韓式辣椒粉調味。

5 接著放入豆腐、黃豆芽,等湯再次煮滾後繼續煮約3分鐘,嚐一下鹹淡以鹽調味。

6 最後放入大蔥和辣椒煮1分鐘完成。

黃豆芽明太魚乾湯

40 分鐘

利用明太魚乾煮出來的湯頭甘醇鮮美，加入蝦醬調味更是鮮上加鮮，搭配黃豆芽香脆的口感，非常爽口又暖胃！這是我們家最常喝的湯品之一，不用處理麻煩的海鮮卻能喝到令人滿足的海洋滋味，非常推薦！

▌ 材料（2～3 人份）

黃豆芽・70g
白蘿蔔・80g
明太魚乾・50g
大蔥・1/3根
辣椒・1根
鯷魚昆布高湯・1L
＊作法見第13頁
紫蘇籽油・1大匙
＊或芝麻油

調味料

湯醬油・0.5大匙
蒜末・0.5大匙
蝦醬・1小匙
＊若沒有可只使用湯醬油調味
鹽・少許
＊可增減

▌ 作法

1　明太魚乾泡水約5～8分鐘，將明太魚乾泡發開。
2　用手將大條或較長的魚乾撕成方便入口的大小，輕擠掉水分。
＊　通常魚乾上面還有一些細小的魚刺，要仔細地去除。
3　黃豆芽洗淨後瀝乾水分；大蔥和辣椒斜切片；白蘿蔔切約2～2.5公分長、5mm厚的薄片。
4　鍋內放入1大匙紫蘇籽油，放入明太魚乾、湯醬油與蒜末各0.5大匙均勻拌一拌。
5　接著，放入2～3大匙鯷魚昆布高湯以中小火翻炒約2分鐘。
6　加入所有鯷魚昆布高湯和白蘿蔔煮滾後，轉中火煮15～20分鐘。
7　放入黃豆芽煮2～3分鐘後，以蝦醬和鹽進行調味，最後放上大蔥和辣椒片再煮1分鐘完成。

牛肉海帶湯

35 ～ 45 分鐘

每到生日當天,一早喝上一碗由母親熬煮的海帶湯,是所有韓國人的共同記憶與風俗習慣。記得某次我的生日前夕,婆婆甚至來電叮囑她那位不善料理的兒子,「兒子!記得給老婆煮碗海帶湯~」,可見生日喝海帶湯對韓國人來說,是一件多麼重要的事!

▋ 材料（4人份）

牛肉・150g
＊可選擇牛腩、牛腱或是里肌部位
乾海帶・20g
水・約1.3L

調味料
湯醬油・2小匙
蒜末・1小匙
黑胡椒粉・少許
芝麻油・1大匙

湯頭調味
湯醬油・1大匙
＊可增減
鹽・0.5小匙
＊可增減

▋ 作法

1 乾海帶泡水約10～15分鐘。

2 泡水後的海帶以清水搓洗至不起泡後擠掉水分,切成適當入口大小。

3 牛肉切成一口大小,以湯醬油2小匙、蒜末1小匙、少許黑胡椒粉抓醃。

4 鍋內倒入1大匙芝麻油,放入牛肉炒至變色後,加入海帶一起充分翻炒。

5 接著,倒入水1.3L用大火煮滾後,蓋上蓋子轉小火繼續煮30分鐘以上。

6 起鍋前以湯醬油、鹽作最後的鹹淡調整。
＊ 家裡如有韓式魚露,也可與湯醬油一起用於最後的調味,只要加一點點,就可以讓湯頭的味道更有層次。
＊ 如沒有湯醬油,也可使用一般醬油,但湯頭顏色會較深及風味略有差異。

豬肉泡菜鍋

40 ~ 45 分鐘

泡菜鍋是韓國最常見的家常湯品之一，通常會加入豬肉或是鮪魚罐頭煮，我們家更喜歡加豬肉。材料豐盛的泡菜鍋，只要準備一碗飯，就可以吃得相當飽足，有餘力的話準備煎荷包蛋或雞蛋卷吧！搭配著一起吃，是非常對味又滿足的味道！

▌材料（2～3人份）

豬肉・250g
泡菜・350g
泡菜汁・100～150g
板豆腐・150g
＊可增減
洋蔥・1/4顆
大蔥・半根
紅綠辣椒・各半根
＊豬肉的部位沒有特別講究，通常使用前後腿或是肩頸部位，也可以選擇油脂較多的五花肉，當油脂融入湯頭，滋味變得更加美味濃郁呢！

高湯材料
鯷魚乾・8～10個
昆布・5×5公分1張
水・1L

豬肉調味料
料理酒・1大匙
蒜末・1小匙
鹽・0.2小匙
黑胡椒粉・少許

其他調味料
韓式辣椒粉・1大匙
蒜末・0.5大匙

▌作法

1 鍋內放入水1L及去除內臟的鯷魚乾、昆布以大火煮滾，接著轉中小火煮5分鐘後將昆布撈出，繼續煮約10～15分鐘，最後將所有材料撈出完成鯷魚昆布高湯。

2 將豬肉切成一口大小；泡菜切小塊；洋蔥切粗絲；豆腐切約1公分厚的長方塊；大蔥與辣椒斜切片。

3 鍋內倒入1大匙食用油，放入豬肉與豬肉調味料一起炒一炒。

4 炒至豬肉表層開始變色後，放入泡菜一起炒約3分鐘。

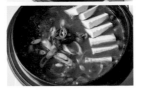

5 接著倒入鯷魚昆布高湯（約600ml）、泡菜汁，用湯匙將料與湯汁攪開來，再放入韓式辣椒粉、蒜末與洋蔥，煮滾後繼續煮約15分鐘，煮至泡菜熟透變軟。

6 最後放入豆腐、大蔥和辣椒煮2分鐘，起鍋前嚐一下湯頭，以鹽調整鹹淡完成。

韓國人吃泡菜鍋通常是配飯吃的，加入適量的泡菜汁可以讓湯頭味道更濃、整鍋充滿泡菜味。使用自家自製泡菜，通常都會有足夠的泡菜汁可使用，但如果是市售泡菜，泡菜汁可能有不足的情況，這時候試著用手將泡菜輕輕地擠壓一下，自然會有泡菜汁流下來，這些泡菜汁可加入泡菜鍋。食譜中泡菜汁的用量僅作為參考，和高湯的比例完全可根據個人喜好調整，喜歡泡菜味濃一點的，泡菜汁就多加一點，反之亦然。

使用發酵較長時間的變酸泡菜，煮出來的湯頭會更加美味。此外，泡菜本身已帶有鹹度，每款泡菜的鹹度也不一樣，起鍋前品嘗一下，用鹽或湯醬油調整鹹淡。

做好的泡菜鍋可以隔夜加熱，味道甚至更加美味！提前做好的泡菜鍋在要食用之前，將要吃的一人份量放入韓式陶鍋加熱，可以再切一些豆腐加入湯中一起煮，最後以辣椒片和蔥片裝飾，看起來會更加美味有食慾唷！

魚餅湯

40 分鐘

魚餅湯的美味除了好吃的魚餅之外，湯頭更是十分重要。以各種食材精心熬煮出來的高湯，每一口喝下去都是滿滿的鮮味與清爽感。魚餅搭配特製芥末蘸醬蘸著吃，是冷冽冬天裡最暖胃又暖心的享受！

▌ 材料（3～4人份）

韓式魚餅・500g
香菇・3朵
大蔥・1小段
紅辣椒・半根
＊裝飾用
雞蛋・2顆
＊可選材料
茼蒿・1小把
＊可省略

高湯材料

高湯用鰻魚乾・15～20個
＊約30g
沙丁魚乾・3～4個
＊約15g
昆布・10×10公分2張
高湯用蝦乾・半杯
＊約15g
乾辣椒・1根
＊可省略，或以一般新鮮辣椒替代
白蘿蔔・半根
＊約300g
大蔥・1根
水・2L
＊加入沙丁魚乾的高湯有股清爽的鮮味，如果食材取得困難，也可以只使用鰻魚乾

高湯調味料

醬油・1大匙
湯醬油・1大匙
韓式魚露・1大匙
料理酒・1大匙
鹽・1小匙
＊可增減，調整鹹淡
黑胡椒粉・少許

芥末蘸醬

醬油・1大匙
醋・1大匙
黃芥末醬・0.3大匙

▌ 作法

1 將鰻魚乾的內臟去除放入鍋內，沙丁魚乾也一併放入，用中小火乾炒3～4分鐘。
＊鰻魚乾乾炒可以消除腥味，使高湯味道更加鮮美乾淨。

2 白蘿蔔切成約1公分厚的小方塊；大蔥切3～4段；乾辣椒對半切。

3 鰻魚乾炒好後，加入其他高湯材料：水、昆布、蝦乾、乾辣椒、白蘿蔔與大蔥，用大火煮，煮滾後轉中小火煮20分鐘至蘿蔔熟透。

4 高湯煮好後，將所有材料撈出來，加入高湯調味料調味完成魚餅湯高湯備用。
＊蘿蔔撈起後不丟掉，等下加入魚餅湯一起食用。

5 煮高湯同時，起一鍋滾水，將魚餅氽燙1分鐘後撈起備用，接著將魚餅串起或切成合適吃的大小；香菇洗淨刻花；大蔥與辣椒斜切片；雞蛋水煮剝殼。
＊魚餅氽燙後可以去除表面的油分。

6 小碗中放入所有芥末蘸醬調味料，混合均勻備用。

7 將魚餅、水煮蛋、香菇、白蘿蔔放入高湯中，用大火煮滾後轉中小火，繼續煮10分鐘左右，放入茼蒿、辣椒與大蔥完成魚餅湯，與芥末蘸醬一起上桌享用。

부대찌개

部隊鍋源自於 1950 年代，將駐韓美軍帶過來的午餐肉、培根、熱狗等食品，加入泡菜等食材做成的湯鍋延續至今日，已然成為風靡全球、最具代表的韓國料理之一。這也是為什麼講到部隊鍋，一定少不了午餐肉及各種香腸、茄汁焗豆等食品，之後人們還流行加入泡麵，更是能飽餐一頓！

部隊鍋

25 ~ 30 分鐘

▮ 材料（2～3人份）

午餐肉·200g
法蘭克福香腸·3根
＊或熱狗
豬絞肉·150g
泡菜·150g
豆腐·200g
湯用年糕片·50g
＊可省略
洋蔥·半顆
大蔥·1根
茄汁焗豆·3大匙
＊可省略
辣椒·2根
洗米水·700ml
＊或水

豬肉醃料
料理酒·1小匙
醬油·1小匙
黑胡椒粉·1小匙

調味醬料
韓式辣椒醬·1大匙
韓式辣椒粉·2.5大匙
蒜末·1大匙
料理酒·2大匙
醬油·2大匙
鹽·1小匙
黑胡椒粉·少許

▮ 作法

1 午餐肉、豆腐切約1公分厚小方塊；法蘭克福香腸斜切薄片；洋蔥切粗絲；大蔥與辣椒斜切片；泡菜切1公分碎塊；冷凍年糕浸水15分鐘泡軟。

2 豬絞肉用廚房紙巾拭乾血水，放入1小匙料理酒、1小匙醬油、少許黑胡椒粉抓醃。

3 小碗中放入除了黑胡椒粉以外的所有調味醬料材料，混合均勻備用。

4 準備洗米水：第一次洗米的水不使用，將第二次、第三次的洗米水保留下來，洗米水準備700ml。

5 準備一個寬口大深度適中的鍋子，將備好的所有食材依序擺上。
＊ 擺放方式隨意，我是先將洋蔥絲鍋底置中鋪好後，再對稱地兩邊放上香腸與午餐肉。

6 調味醬料先放入2/3的份量，倒入洗米水用大火煮，用湯匙將醬料攪和開來，煮滾後嚐一下鹹淡，不夠味再加入些許調味醬料調整，最後撒上少許黑胡椒粉完成。
＊ 泡菜和午餐肉本身有一定的鹹度，因此為了避免過鹹，放調味醬料時可以斟酌的先只放入2/3的份量，煮滾後再根據鹹淡加剩下的調味醬料調整成合胃口的鹹度。
＊ 部隊鍋煮滾後，還可以加入泡麵與起司片，更加濃郁與豐盛！

韓式牛排骨湯

4 小時

▌ 材料（4人份）

帶骨牛排骨肉・1kg

水・4L

昆布・5×5公分，2張

洋蔥・1顆

白蘿蔔・半根

大蔥・1根

蒜・7～8瓣

黑胡椒粒・0.5大匙

蔥花・適量

調味料

湯醬油・1大匙

鹽・1大匙

＊可增減

▌ 作法

1 牛排骨去血水：將牛排骨浸泡在冷水1.5～2小時，期間請進行2～3次換水（將血水倒掉再放入乾淨的水）。

＊ 熬牛排骨湯時使用切割大塊，骨頭粗厚的帶骨牛排骨肉，熬出來的湯頭味道更深厚。

2 起一鍋滾水，放入牛排骨煮3～5分鐘至水再煮滾時撈出來，用流水沖洗排骨表面上的碎骨和雜質。

3 洋蔥切大塊；大蔥切大段；白蘿蔔切大塊備用。

4 準備一個深鍋，加入4L水、牛排骨、昆布、洋蔥、大蔥、白蘿蔔、蒜瓣、黑胡椒粒。

5 先用大火將水煮滾後昆布撈起，接著轉中大火繼續煮30～35分鐘，將煮軟爛的蔬菜也撈起。

＊ 熟透的白蘿蔔則可留著作為配菜。

6 接著以中火持續熬煮約1.5小時，當湯水濃縮至原湯面高度的65%左右即完成，並加鹽和湯醬油調味。

＊ 熬煮過程中用網篩撈出泡沫、雜質和油脂，可讓湯頭更清澈乾淨。

7 煮好一整鍋的排骨湯，將排骨肉和湯汁、白蘿蔔分裝後放冰箱保存，要吃的時候根據食用份量小份量製作即可。小鍋中放入要吃的排骨肉，白蘿蔔也切小塊放入，加入湯頭一起煮滾後撒上蔥花，再根據個人口味加適量鹽、黑胡椒粉調味即可享用。

＊ 吃牛排骨湯時，準備一碗白飯、一小碟蘿蔔塊泡菜或白菜泡菜，即能完成豐盛飽足的一餐！也可以製作蘸牛排骨肉的醬汁，醬油：水：醋=1：1：1調製，隨個人喜好加入一點辣椒末。

去油小撇步

為了讓湯頭喝起來更加清爽不油膩，撈除湯頭中多餘的油脂很重要。我通常會先將煮好的湯汁（肉已撈起分開存放）放室溫冷卻下來後，再放到冰箱進行冷藏，冷藏約幾個小時後，湯表面上就會產生結塊的白色油脂，將油脂撈除後湯頭就會清爽香醇又不油膩，喝起來非常舒服暖胃（參考圖6b）。

갈비탕

講到韓式家常湯品，絕對不能遺漏這款牛排骨湯，
每逢佳節或過農曆新年時，熬一鍋牛骨湯是一定要
的。為了讓湯頭清澈不油膩，牛排骨經過浸水去血
水、氽燙、沖洗雜質的過程才拿去熬湯，熬好的湯
頭還要去除表層浮起的油脂，所以又更加清爽了！
暖呼呼的牛排骨湯下肚，身體也跟著暖和起來，養
身又美味！

滿足全家人的　韓系肉食主菜

韓式烤牛肉

40 ～ 45 分鐘

불고기 （bulgogi） 韓文直翻的話是指「火上烤肉」，居家作法則多為用平底鍋或砂鍋炒熟。這道經典韓式料理是將牛肉切成薄片後以特調鹹甜醬汁醃過再炒熟，可以直接搭配白飯吃、生菜包著吃，也可以做成拌飯、飯卷。這道菜可說是韓國菜中最經典的料理之一，調味也是大眾最熟悉的韓式風味。

▌ 材料（3～4人份）

牛肉片・500g
洋蔥・半顆
大蔥・半根
香菇・3朵
辣椒・1根
＊可省略
白芝麻・少許

牛肉醃料
梨子泥・3大匙
＊約1/4顆梨子用磨泥器磨碎
洋蔥泥・1大匙
＊一小塊洋蔥用磨泥器磨碎
醬油・4大匙
蔥末・2大匙
蒜末・1大匙
黃砂糖・1.5大匙
料理糖漿・1.5大匙
料理酒・1大匙
芝麻油・1大匙
黑胡椒粉・少許

▌ 作法

1 牛肉切成2mm薄片一口大小，以廚房紙巾按壓一下吸掉血水。

2 洋蔥切絲；大蔥斜切片；香菇切絲；辣椒斜切片。

3 梨子磨成泥放入小碗中，加入其他所有牛肉醃料材料混合均勻。

4 準備一大碗盆，放入牛肉及牛肉醃料，用手揉拌均勻後，再放入洋蔥、大蔥和香菇輕拌，放冰箱醃至少30分鐘。

5 平底鍋放入少許食用油，放入醃製好的牛肉與蔬菜以中火開始加熱，以筷子將結塊的牛肉分開，使牛肉平攤均勻受熱，單面熟了之後翻面與蔬菜一起拌炒。

6 炒至8～9分熟後加入辣椒片與白芝麻，再翻炒一下完成。

＊ 韓式烤牛肉可用生菜包著吃： 生菜上面放上牛肉、蒜片或辣椒片包起來一起吃下，也是韓國常見的吃法喔！

＊ 我通常會提前醃好多人份的烤牛肉放冰箱冷藏，想吃的時候炒熟要吃的份量即可，這道料理也可以做成拌飯和飯卷，韓式烤牛肉拌飯作法見第33頁、韓式烤牛肉紫菜包飯作法見第59頁。

韓式 LA 牛小排

25 分鐘＋9 小時（1 小時去血水＋8 小時醃肉）

＊牛小排以松子碎末裝飾，搭配銀杏烤串和細韭菜沙拉。

這道料理常出現在韓國的重要節日如中秋或年節的飯桌上。
牛小排以梨子、洋蔥等蔬果所特製的醃料經過醃製後，肉質
變得柔軟多汁，鹹鹹甜甜的滋味十分下飯。試著在重要的
日子準備這道料理吧！能讓飯桌上的每個人都吃得盡興又滿
足，也能作為驚豔貴賓味蕾的宴客菜。

▌ 材料（4～5人份）

帶骨牛小排·1.5kg

醃料基底
蘋果·半顆
梨子·1顆
洋蔥·半顆
鳳梨·150g
醬油·100ml

醃料材料
大蔥（蔥白）·1根
綠辣椒·2根
蒜末·2大匙
料理酒·2大匙
黃砂糖·2.5大匙
　＊白砂糖亦可
芝麻油·2大匙
黑胡椒粉·少許

▌ 作法

1　將牛小排骨頭周圍雜質沖洗乾淨，用刀去除兩邊過厚的油脂。

＊沿肋骨橫斷切割的牛小排，骨頭上易殘留骨頭粉末，要用水沖洗乾淨。

＊牛小排兩側邊上常有白白脂肪堆積的部分，以刀子切除吃起來才不油膩。

2　牛小排浸泡冷水約1小時去血水，期間每30分鐘換水一次，去血水
　的牛小排瀝乾水分備用。

3　將蘋果、梨子、洋蔥、鳳梨切小塊放入攪汁機打成果汁。

4　將打出來的果汁放入料理用棉布，汁液擠出至小碗備用，布內殘
　渣不使用。

5　擠出的果汁與醬油調製醃料基底：　果汁500ml、醬油100ml。

＊果汁如不足500ml，請回頭多打一點梨子或蘋果汁，或加水補足至
　500ml。

6　在醃料基底中加入所有的醃料材料混合均勻。

＊大蔥切成蔥末；辣椒切成辣椒末，不能吃辣者，辣椒可省略或去籽。

7　大保鮮盒中放入一層牛小排，加入幾勺調製好的醃料覆蓋住牛小
　排，接著再放入第二層牛小排，加入幾勺醃料覆蓋，持續重複以
　上步驟至所有牛小排都放進盒中，蓋上蓋子放冰箱醃製約8小時。

＊重要節日前一晚，我會先將牛小排做好進行過夜醃製，隔天早上即可享用
　美味多汁的牛小排。牛小排一次醃製好，通常會持續吃上好幾餐，隨著醃
　製時間越長肉會越入味，但醃製過久如感覺太鹹，可加入適量洋蔥汁或梨
　汁調整醃料的鹹淡。牛小排還是要趁新鮮時享用，風味更佳唷！

8　平底鍋加熱後，平鋪上幾片醃製好的牛小排，放入幾勺醃料，以
　中火慢慢煎熟（詳見第112頁）。

牛小排不燒焦又多汁的煎法

這種調味醃製過的肉，煎的時候容易一不小心就
燒焦又沾鍋。為了避免肉煎得過乾或燒焦，煎的
時候要放入幾勺醃料，讓肉在醃料中慢慢燉煮收
汁，這樣烤出來的肉，才會多汁又美味。

韓式牛肉餅

30 分鐘

＊牛肉餅上以松子裝飾。

這款韓式牛肉餅的傳統作法是將牛小排的肉骨分離後,將肉剁碎並調味製作成肉餡,接著以原有的牛排骨為支心,裹覆上調味好的肉餡再加以烤熟的料理。據說因為牛排肉在剁碎的過程,很像在敲打製作年糕的聲音,因此這道料理的韓文稱為 떡갈비(直譯:年糕排骨)。現代家庭在製作這道料理時,避開繁瑣步驟多直接使用牛絞肉,並根據個人喜好口感加入適量豬絞肉,因為豬肉的油脂能讓口感更加柔軟多汁。這款牛肉餅吃起來鹹鹹甜甜又多汁,是道大人小孩都喜歡的好滋味!

▌材料(約 11 個)

牛絞肉・400g
豬絞肉・200g
大蔥・半根
＊蔥白部分,或以一般青蔥代替
洋蔥・1/4顆

肉餡醃料

醬油・2大匙
糖・2大匙
蒜末・1大匙
芝麻油・1.5大匙
太白粉・1.5大匙
鹽/黑胡椒粉・少許

淋醬

醬油・1大匙
料理糖漿・2大匙
＊或以蜂蜜取代
芝麻油・1大匙

▌作法

1 牛絞肉和豬絞肉以廚房紙巾按壓吸掉表面血水。
2 大蔥、洋蔥切碎末備用。
3 大盆中放入牛絞肉、豬絞肉、大蔥與洋蔥碎末均勻揉拌。
4 接著放入所有肉餡醃料材料,揉拌至產生黏性。
＊ 混入醃料的肉餡,揉拌好後放冰箱靜置30分鐘更加入味。
5 將肉餡揉捏成一塊塊約6~7公分直徑、厚度1.5公分的圓餅。
6 小碗中放入淋醬所有調味料,混和均勻備用。
7 起一熱鍋倒入2大匙油,以中火將肉餅底面煎至金黃後翻面,轉小火蓋上蓋子再煎約3~4分鐘煎至內部也熟透,將調味淋醬均勻塗在表面,加熱收汁後完成。
＊ 製作好的新鮮肉餡以保鮮膜分塊包覆,放置冷凍區保存,料理前一天移到冷藏解凍,再按照作法7煎肉餅即可美味享用。

辣炒豬肉

45 〜 50 分鐘

這道料理是韓國最常見的料理之一,它的調味也是韓國人所熟悉能代表韓國口味特色的菜色之一。辣炒豬肉吃法有多種變化,不僅可以配飯吃、生菜包著吃,也可以做拌飯、蓋飯、紫菜包飯並也常用來作為便當菜,這麼多樣的吃法就知道這道料理在韓國有多受歡迎了!

▌ 材料（4人份）

豬肉 · 700g
洋蔥 · 1顆
大蔥 · 1.5根
辣椒 · 3根
白芝麻 · 少許

＊為了提升口感,豬肉的部分準備了前腿肉與油脂較為豐富的五花肉,各占50%的份量。前腿肉也可以用後腿肉或里肌肉替代
＊本料理偏辣,不能吃辣的人,辣椒可省略或是去辣椒籽後再使用

豬肉調味料

韓式辣椒粉 · 2大匙
韓式辣椒醬 · 4大匙
料理酒 · 2大匙
醬油 · 2大匙
蒜末 · 2大匙
糖 · 2大匙
薑末 · 0.8大匙
芝麻油 · 1大匙
黑胡椒粉 · 0.2小匙

▌ 作法

1 前腿肉切成薄片,再切成方便食用的一口大小。
2 五花肉切成約0.7～1公分厚、2～3公分寬的一口大小。
＊ 五花肉片不超過1公分厚的口感為佳。
3 洋蔥切絲;大蔥斜切片;辣椒斜切片。
4 大盆中放入所有豬肉調味料材料,攪拌均勻。
5 將切好的豬肉放入調味料盆中,用手揉拌均勻醃至少30分鐘。
6 平底鍋倒入1大匙食用油,先放入洋蔥絲和蔥白切片,炒一炒至香氣出來。
＊ 先放大蔥的蔥白部分,炒出香氣,蔥綠的部分則是最後再加入。
7 接著放入豬肉一起翻炒。
8 肉炒至8～9分熟時,放入辣椒片與蔥綠再繼續翻炒至肉熟透後,撒上少許白芝麻完成上桌。
＊ 我通常會一次性醃較大量的辣炒豬肉,醃好後放冰箱保存,每次用餐前只炒要吃的量;辣炒豬肉還可以做成拌飯（參考第39頁）以及紫菜包飯（參考第67頁）,醃一次肉卻能有多種變化非常方便。根據豬肉的保鮮期,醃好的肉冷藏保存1～2天內皆可以享用。

韓式燉豬排骨

2 小時 20 分鐘

每到過節時，韓國人飯桌上常常會有這麼一鍋燉排骨肉和家人們一起美味地享用，這一鍋排骨肉可以是價格較高的燉牛排骨，也可以是美味不輸人但價格較為平民的燉豬排骨肉。將豬排骨肉去血水和汆燙，盡可能地去除腥味和雜質，準備特製調味醬汁，醬汁中加了蘋果和洋蔥散發著自然甜味，與蘿蔔、大蔥和香菇等食材一起經過長時間的燉煮，完成的燉豬排骨，香噴噴又鹹甜多汁。雖然料理過程有多道手續較為耗時，但這是一道能讓全家人都吃得很滿足、充滿誠意的料理，每到過節時我們家必煮上一鍋呢！

▌材料（4人份）

豬胸排骨切塊・1kg
白蘿蔔・300g
紅蘿蔔・150g
洋蔥・半顆
大蔥・1根
香菇・3〜4朵
乾辣椒・2根

豬肉汆燙材料

水・1.5L
薑片・2片
月桂葉・3〜4片
黑胡椒粒・0.5大匙

調味醬汁

醬油・100ml
洋蔥泥・45g
＊洋蔥用磨泥器提前磨好
蘋果汁・60g
＊蘋果用磨泥器提前磨好過濾殘渣只取果汁，或直接使用市售蘋果汁
料理酒・3大匙
蒜末・1大匙
大蔥末・2大匙
＊蔥白部位，或一般青蔥等量代替
糖・3大匙
料理糖漿・3大匙
芝麻油・1大匙
黑胡椒粉・少許
生薑末・1小匙
水・500ml

▌作法

1 豬排骨浸泡冷水1小時去血水，中間30分鐘時換水一次。

2 準備一個鍋子，鍋內放入所有汆燙材料，將水煮滾後放入豬排骨汆燙，重新煮滾後關火撈起，用流水沖洗掉雜質。

3 大塊的肉先劃1〜2刀，熬煮時更好入味。

4 香菇切成四等分，留一兩朵在表面刻花，作為擺盤裝飾；白蘿蔔，紅蘿蔔切成4公分的塊狀，並將邊緣修飾圓弧一些；洋蔥切成一口大小；大蔥切3〜4公分短段；每根乾辣椒切3短段。

5 將除了水以外的所有調味醬汁材料混合好備用。

6 準備一個深鍋，將豬排骨和調味醬汁放入鍋中，翻攪均勻後加入水500ml，開中大火煮滾。煮滾後續煮2〜3分鐘，接著蓋上蓋子轉中火煮30分鐘。

7 打開蓋子將排骨肉上下翻動一下，放入白蘿蔔、紅蘿蔔、乾辣椒煮20分鐘，接著放入洋蔥、大蔥、香菇再用中火煮10分鐘，最後用大火收汁一下完成盛盤，撒點白芝麻和蔥花裝飾。

＊ 煮的過程中不定時翻動一下食材，讓材料均勻受熱且吸收到醬汁。

調味豬排

15 分鐘 ＋ 3 小時（醃肉）

吃膩了一般烤肉的時候，我就會做這道調味豬排，它的調味醬汁是鹹鹹甜甜的經典韓式味道，而且醃製的時間也不會太長，白天提前將豬排醃好放冰箱冷藏，晚上就可以和全家人一起享用調味豬肉的美味。

▌材料（4～5人份）

梅花豬排・1kg
＊肩胛或前腿肉部位都可以，約1公分厚度為佳

醃料材料
洋蔥・半顆
＊磨成泥狀
大蔥・1/3根
＊蔥白部位，或一般青蔥等量代替，切碎末
醬油・100ml
料理酒・2大匙
蒜末・1大匙
糖・3.5大匙
料理糖漿・3大匙
芝麻油・2大匙
黑胡椒粉・少許
生薑末・1小匙
水・150ml

▌作法

1 豬肉割除邊邊大量脂肪部位，兩面每5mm為間距輕輕刻紋，醃料更好入味。

2 用磨泥器將半顆洋蔥磨成泥狀；1/3根大蔥蔥白部位切末備用。

3 大盆中放入洋蔥泥、大蔥末以及其他所有醃料材料混合均勻備用。

4 將豬排放入醃料，讓每片豬排都均勻浸泡在醃料裡，放冰箱醃製3小時左右。

5 平底鍋加熱後放入1大匙食用油，將醃製好的豬排放上，以中火慢慢將兩面煎熟盛起，享用時切成適口大小。

＊注意火候控制，避免表面燒焦但內部沒有熟，建議以中火慢慢煎製，自然會漂亮的上色。
＊準備一些生菜、大蒜片、辣椒片、包飯醬，包著吃也相當美味，或是準備杏鮑菇、彩椒、洋蔥等蔬菜與肉一起煎著吃。

韓式菜包肉

70 分鐘

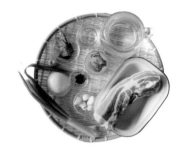

五花肉以各種辛香材料水煮後，吃起來無腥味不油膩，可以直接蘸蝦醬蘸醬或包飯醬吃；或是用泡菜將肉捲起來吃；也可以拿一片生菜，將水煮肉放上去後隨心所欲搭配自己喜歡的配菜如香拌蘿蔔絲、泡菜或蒜片，包起來一口吃下，豐富的滋味與口感在嘴裡迸發，這就是韓國經典「包著吃」的美味！

▌ 材料（2人份）

五花肉・700g
生菜/包飯醬/泡菜/香拌蘿蔔絲（作法見第171頁）/涼拌韭菜（作法見第172頁）・適量

辛香材料

水・1.5L
韓式大醬・2大匙
大蒜・5～7瓣
洋蔥・半顆
薑・1小塊
＊約15g
大蔥・1根
黑胡椒粒・0.5大匙
料理酒・3大匙
＊韓國燒酒/清酒/味醂皆可
月桂葉・4片
＊可省略
桂皮・1～2小塊
＊可省略

蝦醬蘸醬

蝦醬・1.5大匙
辣椒・1根
＊切成細辣椒圈
韓式辣椒粉・0.5大匙
蒜末・0.5大匙
芝麻油・0.5大匙
糖・0.3大匙
白芝麻・0.3大匙
水・1.5大匙

▌ 作法

1 鍋內放入水和所有辛香材料，水煮滾後放入五花肉。

＊ 鍋子尺寸影響水煮時所需的水量，原則上水是要蓋過五花肉，水不足可自行增量，如五花肉太長放不進鍋子，可以對切。

2 以大火煮20分鐘，接著轉中火再煮20分鐘，關火前以筷子戳入五花肉最厚的部位，沒有出血水且肉質柔軟代表已熟透。

＊ 煮肉的時候，不要蓋蓋子或是蓋子半蓋，讓豬肉的腥味散掉。關火後讓肉在湯裡放涼約20分鐘，肉質會更柔軟好吃。

3 煮好的豬肉，切成約0.5公分厚的肉片。

＊ 肉連著骨頭的部位切除，生菜包肉時更方便食用。

4 將蝦醬蘸醬所有材料混和均勻，與水煮五花肉切片一起上桌，同時準備生菜、包飯醬、泡菜、香拌蘿蔔絲、涼拌韭菜等配菜一起享用。

辣炒雞湯

40 分鐘

STORY

除了清燉雞湯，韓國人還喜歡這道喝起來辣爽有味的辣炒雞湯。講究一點的人會先將雞肉塊炒過後再進行燉煮，這是一道介於雞湯和燉雞之間的料理，既有熱騰騰又香嫩的雞肉，也有辣得過癮的湯頭，不僅下飯，還是許多韓國人搭配燒酒的首選下酒菜呢！

▌ 材料（2～3人份）

切塊帶骨雞肉・1kg
馬鈴薯・3個
＊約280g
洋蔥・1顆
紅蘿蔔・約200g
大蔥・半根
辣椒・2根
＊怕辣的人，請去籽
水・600ml
料理糖漿・1大匙
芝麻油・1大匙

調味醬
韓式辣椒粉・4大匙
韓式辣椒醬・3大匙
醬油・3大匙
料理酒・2大匙
糖・1.5大匙
蒜末・1大匙
薑末・1小匙
黑胡椒粉・些許

▌ 作法

1 雞肉塊用冷水沖洗雜質和碎骨後，放到滾水中汆燙1～2分鐘後撈起。

2 撈起的雞肉塊再用冷水沖洗掉雜質，瀝乾備用。

＊ 透過仔細清洗、汆燙再沖洗的過程，可以確保雞肉乾淨無腥味，燉煮出來的湯頭才會辣爽順口。

3 馬鈴薯、紅蘿蔔切大塊；洋蔥對半切後，再切成4～6等分；大蔥、辣椒斜切片。

4 碗中放入所有調味醬材料，混合均勻備用。

5 深鍋中放入雞肉塊、馬鈴薯、紅蘿蔔、洋蔥、水600ml與調味醬。

6 材料與調味醬翻拌均勻後以大火滾煮，煮滾後轉中火蓋上蓋子燉煮約20分鐘。

＊ 過程中不時打開鍋子攪動材料，避免食材沾黏鍋底。

7 接著打開蓋子煮至醬汁略收，放入大蔥、辣椒再煮5分鐘，最後淋上料理糖漿、芝麻油，均勻翻拌後完成。

＊ 關火前嚐一下鹹淡，太鹹可加水，不夠鹹加少許醬油調整。

＊ 這個湯頭甜甜辣辣的，適合最後加入年糕一起煮也相當對味唷！

＊ 本食譜是按照韓國人日常口味設計的，對於不習慣吃辣的人來說會有點辣！怕辣的人要省略辣椒（或去籽）。

辣炒雞排

45 ～ 50 分鐘

到春川必吃的辣炒雞排，在家裡也可以美味地享用！軟嫩的雞腿肉以特製調味醬料醃製，味道甜甜辣辣，讓人總是一口接著一口，除了搭配白飯作為下飯菜之外，也可以準備生菜將辣炒雞排包著吃。

▌ 材料（2～3人份）

雞腿肉・500g
洋蔥・半顆
大蔥・1根
高麗菜・200g
紅綠辣椒・各1根
番薯・1個
紫蘇葉・5～8張
年糕・10～15個

雞肉醃料

韓式辣椒醬・4大匙
韓式辣椒粉・2大匙
蒜末・1.5大匙
料理酒・2大匙
醬油・2大匙
芝麻油・1大匙
糖・1大匙
料理糖漿・2大匙
薑末・1小匙
黑胡椒粉・少許

▌ 作法

1 雞腿肉洗淨以廚房紙巾拭乾，切成方便吃的適當大小。

* 雞腿肉可去皮或不去皮，但周圍多餘的油脂堆積和過厚的雞皮建議剪除，吃起來口感更佳不油膩。

2 大盆中放入所有雞肉醃料材料混合均勻，放入雞肉均勻拌一拌，醃製30分鐘。

3 洋蔥切粗絲；大蔥切成4～5公分長段，蔥白的部分再直直對半切；紫蘇葉切片；高麗菜切小塊；番薯切成小拇指粗的條狀；辣椒斜切片；冷凍年糕放水浸泡20分鐘備用。

4 選一大尺寸烤盤或平底鍋，加入一圈食用油，依序放上高麗菜、番薯、洋蔥、年糕，放上雞肉開始煎與翻炒。

炒的技巧

* 通常我會先將雞肉移置中間位置，蔬菜和其他材料往周圍移，將雞皮朝下煎出滋滋聲後，於鍋盤周圍加入1/3杯的水，再將肉和其他材料一起翻炒。加水可以幫助蔬菜變軟變得更好炒之外，也能防止醬料燒焦。當蔬菜開始加熱後會變軟生水，所以水也不用放得太多。

* 此外，火候調整很重要，使用中大火熱鍋，當材料開始滋滋地煮時，將火轉中小火，慢慢地將蔬菜和雞肉煮熟。也要常常移動材料，尤其是厚的雞肉、粗的番薯條或高麗菜，將難熟的食材移至火候較大的地方慢慢煎熟。

5 雞肉和材料都拌炒熟透後，加入辣椒、大蔥和紫蘇葉，再翻炒一下後完成。

* 根據個人喜好，最後還可以放上起司，蓋上蓋子用小火燜煮約3分鐘至融化後享用也很美味唷！

辣燉鯖魚

1 小時

記得我第一次吃韓式辣燉鯖魚這道料理時，被那香甜微辣又鮮美的味道給驚艷到，除了魚肉之外，一起燉煮的白蘿蔔和馬鈴薯更是美味到不行，煮至軟爛一口即化又吸附滿滿的醬汁，非常下飯！

▌材料（2人份）

鯖魚・2尾
白蘿蔔・300g
大蔥・1根
洋蔥・半顆
馬鈴薯・2顆
＊約200g
紅綠辣椒・各1根
鯷魚昆布高湯・600ml
＊作法見第13頁，或以水替代
芝麻油・0.5大匙

調味料

醬油・3大匙
韓式辣椒醬・0.5大匙
韓式辣椒粉・2大匙
料理酒・2大匙
糖・1大匙
料理糖漿・1人匙
蒜末・2大匙
薑末・1小匙

▌作法

1　鯖魚內臟充分清洗後，每尾切成3大塊，撒上少許鹽和料理酒醃製10分鐘。

2　大蔥、辣椒斜切片；洋蔥切粗絲；白蘿蔔切約1.5公分的厚片後，再對半切成半月狀；馬鈴薯切1.5公分厚片。

3　將所有調味料材料混合好備用。

4　準備燉煮的鍋子，先將鯷魚昆布高湯和白蘿蔔一起煮滾後，繼續煮15分鐘。

5　當蘿蔔半熟後，放入鯖魚塊、馬鈴薯、洋蔥以及調味醬，用大火煮滾後，繼續煮10分鐘。

6　接著轉中火、蓋上蓋子繼續燉煮約15分鐘，讓調味醬汁慢慢入味收汁。

7　最後加入大蔥與辣椒，淋上芝麻油繼續煮5分鐘完成。

快速豐富飯桌的小幫手

──

韓式常備小菜，

鮮肉丸煎餅

40 分鐘

STORY

韓國人的重要節日如春節和中秋，桌上常常出現各類煎餅，其中這款鮮肉丸煎餅是最基本的一款。我通常會一次性做好大量的肉餡，應用於其他煎餅（見下頁綜合煎餅拼盤）！肉餡可使用豬絞肉、牛絞肉、或牛絞肉和豬絞肉混合，加入豆腐的肉餡，口感醇厚柔軟，小巧的鮮肉丸煎餅也很適合作為便當菜肴！

▌材料（約30個）

肉餡材料
豬絞肉・500g
板豆腐・200g
大蔥・1根
＊可用一般青蔥替代
洋蔥・半顆
＊約100g
紅蘿蔔・1/4根
蒜末・1大匙
太白粉・2大匙
芝麻油・1大匙
鹽・0.5大匙
雞蛋・1顆

豬絞肉醃料
料理酒・2大匙
鹽・0.5小匙
黑胡椒粉・少許

煎製材料
韓式煎餅粉・約60g
＊可用一般麵粉替代
雞蛋・2顆
食用油・適量

洋蔥醋醬
洋蔥・半顆
醬油・3大匙
醋・3大匙
水・3大匙

▌作法

1　豬絞肉以廚房紙巾按壓吸掉表面血水，加入豬絞肉醃料醃約10分鐘。

2　將大蔥、洋蔥、紅蘿蔔切碎末備用。

3　豆腐用刀面壓碎，以棉布或濾網擠出水分備用。

4　豬絞肉加入蔬菜碎末（大蔥、洋蔥、紅蘿蔔）、豆腐及其他肉餡材料（蒜末、太白粉、芝麻油、鹽和雞蛋），均勻揉拌至產生黏性。

5　將肉餡揉捏成一塊塊約4公分直徑、厚度1公分的圓餅。

6　2顆蛋打成蛋液，接著將肉餅表面均勻裹上薄薄一層煎餅粉，多餘的粉抖掉後浸泡蛋液。

7　熱好的鍋倒入2大匙油，放入沾裹上蛋液的肉餅以中小火慢慢油煎，將兩面煎至金黃熟透即完成。

＊　煎的過程中如油不夠，請適度加油；根據平底鍋大小，肉餅如分次煎製，每煎新的一批時，以廚房紙巾將鍋面殘存的食用油及焦黑雜質擦乾淨，倒入新的食用油再續煎，肉餅表面才會金黃美觀。

8　製作洋蔥醋醬：半顆洋蔥切成一口大小，加入等比例的醬油、醋和水完成洋蔥蘸醬，與肉餅一起上桌。

＊　洋蔥醋醬可提前2～3小時製作。洋蔥經過長時間的醃漬，甜味會進入醬汁，長時間醃漬的洋蔥也更入味。

＊　肉丸煎餅可以作為便當菜，妥善冷藏，賞味期5天；或以冷凍保存，料理前一天移到冷藏解凍，以微波或不放油小火慢慢煎烤的方式，加熱後享用。

모듬전

綜合煎餅

每每到中秋、春節與祭祖時，韓國人都會製作各種煎餅。將食材沾上麵粉再裹上雞蛋液，一個個慢慢油煎的過程，需要投入相當多的時間與精力，因此通常會一次性大量製作且包含多款煎餅樣式，完成這麼一盤綜合煎餅拼盤（모듬전）。豆腐煎的時候用茼蒿葉裝飾；紫蘇葉煎餅則做成美麗的三角形，並以紅辣椒圈點綴；將多種顏色的食材用竹籤串起再煎製，看起來是那麼繽紛華麗；香菇鑲肉的表面也刻上了精緻的花樣。特殊且重要的日子，綜合煎餅一上桌，裡面充滿著料理人的心意與巧思！

鮮肉丸煎餅

（作法見第133頁）

紫蘇葉煎餅

使用鮮肉丸煎餅的同款肉餡。紫蘇葉單面先撒上（或用沾的）薄薄一層煎餅粉，將適量肉餡放置中心，靠近葉柄的兩端先內折之後，再將葉子尾端折起完成三角形。完成的紫蘇葉餅表層沾附上薄薄一層煎餅粉，裹上雞蛋液後油煎。

香菇鑲肉煎餅

香菇去蒂後在表面刻花，接著內側撒上少許煎餅粉，放上適量肉餡壓成圓餅狀（肉餡使用鮮肉丸煎餅的肉餡），肉餡那一面沾上一層煎餅粉後，裹上雞蛋液油煎。

豆腐煎餅

豆腐切成合適的方塊大小，兩面撒點鹽靜置10～15分鐘，接著用廚房紙巾將水分擦乾，表層沾上薄薄一層煎餅粉，裹上雞蛋液後油煎，以茼蒿葉裝飾。

蟹肉棒火腿串煎餅

將蟹肉棒、火腿、香蔥切成等長條狀，將材料交叉串起後，表層撒上或沾上煎餅粉，再裹上雞蛋液後油煎。

櫛瓜煎餅

櫛瓜切成圓片，兩面撒點鹽靜置10分鐘，將表面水分擦乾後，均勻沾附上一層煎餅粉，裹上雞蛋液後油煎。

麻藥雞蛋

15 分鐘 + 6 小時（醃蛋時間）

STORY

將半熟蛋以特製醬汁醃製，鹹香甘甜的
調味醬汁及香醇滑順的雞蛋，作法十分
簡單！醃好的雞蛋只要配上一碗熱騰騰
的白飯，將雞蛋和醬汁與白飯拌著吃，
味道是如此美妙讓人如上癮般一口接著
一口，這道受韓國人歡迎的下飯小菜，
一定要試試！

▍材料（2人份）

雞蛋‧6顆～8顆
＊根據雞蛋大小，約可做6～
　8顆
洋蔥‧1/4顆
辣椒‧2根
＊紅綠辣椒建議各用一根，
　顏色多彩更有食慾感
大蔥‧1/2根
＊一般青蔥亦可，約5支

醬汁
醬油‧100ml
水‧100ml
糖‧2大匙
料理糖漿‧2大匙
＊或以1大匙糖替代
蒜末‧1大匙
芝麻油‧0.5大匙
白芝麻‧1大匙

▍作法

1 起一鍋水，加入1小匙鹽及1小匙醋煮滾，
　接著將常溫雞蛋小心地放入鍋中，以中火
　煮5分～5分半鐘。
＊ 水煮滾後用湯匙持續翻攪雞蛋約1～2分鐘，煮
　 出來的蛋黃才會位於中間。
＊ 如成品圖，蛋黃呈完全流動狀態、部分蛋白未
　 熟是煮約5分鐘；蛋黃開始變濃稠但依然有流動
　 性是煮約6分鐘。

2 煮好的雞蛋放入冷水中冷卻，剝殼備用。

3 洋蔥、辣椒、蔥切末備用。
＊ 怕辣者，辣椒先去籽再切末。

4 保鮮盒中放入所有醬汁材料，混合均勻後
　放入洋蔥末、辣椒末與蔥末，攪拌一下完
　成醬汁。

5 將雞蛋放入醬汁中，密封好放冰箱醃至少
　6小時，食用時將雞蛋對半切放上白飯，
　淋上適量醬汁一起拌著享用。
＊ 吃的時候，雞蛋上面還可放上些許海苔、蔥
　 末、並淋上一圈芝麻油更加香醇！

醬煮牛肉鵪鶉蛋

90 分鐘

這道料理使用的牛肉，通常是低油脂的部位，吃起來一點也不油膩，並以高湯和調味醬汁燉煮後，滋味鹹甜香醇，燉煮後的醬汁更是精華，淋一點在白飯上，瞬間變成偷飯賊。有些韓國人還會加一小塊奶油在熱騰騰的白飯裡，和醬汁拌一拌，成為幸福感加成的美味！

▋ 材料（4人份）

牛肉・400g
＊牛臀、牛腿肉皆可
糯米椒・15根
鵪鶉蛋・20顆
＊已煮好的
大蒜・8瓣

牛肉高湯材料

水・1L
大蔥・半根
洋蔥・1/4顆
大蒜・5瓣
黑胡椒粒・0.5大匙
乾辣椒・2根
＊可省略

調味醬汁

醬油・100ml
料理酒・3大匙
糖・2大匙
料理糖漿・2大匙

▋ 作法

1 牛肉切3～4大塊後，浸泡水30分鐘去血水，之後放入滾水汆燙2分鐘撈起以清水沖洗一次備用。
＊牛肉要去血水並將汆燙後的雜質洗去，燉煮出來的醬汁才能清澈又甘甜。

2 鍋中倒入1L水，放入所有高湯材料和牛肉用中火煮滾，煮滾後轉中小火煮30分鐘。
＊大蔥先切段、洋蔥切塊、乾辣椒切半再放入。

3 將所有高湯材料撈起，分成牛肉與高湯（約500ml）。

4 牛肉高湯中放入所有調味醬汁材料攪拌均勻，接著放入牛肉、鵪鶉蛋，大蒜，煮滾後蓋上蓋子以中小火燉煮20分鐘。

5 燉煮後的牛肉撈出放涼，按紋理用手撕成條狀。

6 撕好的牛肉放回鍋裡續煮3分鐘，接著放入糯米椒，再以小火燉煮3分鐘完成。
＊糯米椒以牙籤或叉子戳幾個洞，燉煮的時候會更入味。
＊牛肉應燉煮至完全熟透、肉質柔軟、鵪鶉蛋也呈漂亮的醬油色。

醬煮南瓜

25 分鐘

STORY

香甜的栗子南瓜以鹹甜醬汁燉煮之後，滋味更上一層，口感細膩綿密。隨個人喜好加入幾樣堅果種子，成為美味與營養兼顧的小菜點心。

▌材料（4人份）

栗子南瓜・1顆
＊約650g
堅果種子・80g
＊核桃40g/南瓜籽40g
白芝麻・適量

調味醬汁

醬油・2大匙
料理糖漿・2大匙
糖・1大匙
水・100ml

▌作法

1 南瓜對半切，用湯匙挖出內籽，再將南瓜切成約3～5公分小塊。

＊南瓜表皮洗淨後，放微波爐加熱2～3分鐘，會更好切塊。

2 大塊核桃切小塊，與南瓜籽一起放入平底鍋翻炒1～2分鐘盛起備用。

＊堅果類除了核桃、南瓜籽，也可以選用葵花籽、杏仁等。

3 調味醬汁的所有材料混合均勻備用。

4 同個平底鍋倒入1大匙食用油，將南瓜塊煎至金黃上色。

5 加入混合好的調味醬汁與南瓜均勻翻拌後，蓋上蓋子燉煮5分鐘，每2分鐘打開蓋子翻拌一下。

6 南瓜熟透後打開蓋子，繼續收汁並加入核桃和南瓜籽一起翻拌，完全收汁後撒點白芝麻完成。

韓式蟹肉棒蒸蛋

25 分鐘

每次去烤肉店都會來一份的韓式蒸蛋,在家裡也可以做得蓬鬆扎實又美味。加入蟹肉棒後的蒸蛋,吃起來更加豐盛有飽足感,以蝦醬調味後整鍋更是充滿海洋鮮美的香氣。我們家每次只要韓式蒸蛋一上桌,大家的湯匙就會不停地往裡一勺接著一勺地挖,一下就見底了呢!

▌材料（1份）

雞蛋・6顆
＊約300g
水・100ml
蟹肉棒・2條
＊約75g
大蔥・1/5 根
＊可用一般青蔥替代
蝦醬・0.5小匙
糖・0.5小匙
鹽・0.3小匙
芝麻油・少許
白芝麻・少許

▌作法

1 雞蛋打至碗裡,加入糖、鹽及蝦醬打勻。
＊ 蝦醬的鮮味和雞蛋非常搭,韓國人的蒸蛋常常以蝦醬調味,如沒有蝦醬也可以使用韓式魚露增加風味,或僅用鹽調味也是可以的。
2 將蟹肉棒手撕成一條一條的;大蔥切蔥花。
3 雞蛋液和水倒入小鍋內,將撕好的蟹肉條也放入鍋內。
＊ 雞蛋液與水的比例約為3:1,吃起來口感扎實有彈性。
＊ 可以試著購買大小合宜的韓式陶鍋製作蒸蛋,不僅視覺好,陶鍋的保溫效果能讓蒸蛋的每一口都能暖呼呼地吃下。雞蛋液基本上放至鍋子的8分滿,可根據鍋子的大小增減雞蛋用量與調整配料份量,如量太少蒸蛋反而較難膨出理想的高度唷!
4 開始用中小火加熱,以湯匙慢慢地從側邊至底部來回畫圈攪拌,避免底部沾黏燒焦。當周圍蛋液開始冒泡並開始成塊時,火轉更小一點並繼續攪拌。
＊ 避免太用力、太快地攪拌,這樣雞蛋反而不容易膨起來,要慢慢輕輕地攪。
5 當雞蛋差不多5～6分熟時,加入一半的蔥花,繼續邊攪邊煮。
6 煮至七分熟後,蓋上一個大碗,繼續加熱約3分鐘,直到鍋縫間開始冒氣出水、聞到蛋香。
＊ 蓋上的鍋碗要具有一定的高度,才利於雞蛋膨起。
7 將鍋子打開,放上另外一半的蔥花、淋上少許芝麻油、撒上芝麻完成。

香辣味醬煮豆腐

35 分鐘

材料（2人份）

板豆腐・1塊
＊約400g
鹽・少許
洋蔥・半顆
大蔥・1根
白芝麻・少許
＊裝飾用
蔥末・少許
＊裝飾用

調味醬汁
韓式辣椒粉・1大匙
醬油・3大匙
料理酒・1大匙
蒜末・1大匙
芝麻油・1大匙
糖・0.5大匙
黑胡椒粉・少許
鰻魚昆布高湯・200ml
＊作法見第13頁，或以水替代

STORY

這道料理是作法簡單又下飯的韓式常備菜。豆腐經特調醬汁以中小火慢慢燉煮收汁後，香噴噴又入味，熱熱吃或冷冷吃都很美味，絕對是讓人胃口大開的偷飯賊。

作法

1. 豆腐對半切後，再切成1～1.5公分厚的片狀，均勻撒上少許鹽，靜置10分鐘後，以廚房紙巾擦乾表面水分。
2. 洋蔥切絲；大蔥斜切片備用。
3. 將調味醬汁中，鰻魚昆布高湯以外的所有材料混合均勻備用。
4. 平底鍋倒入2大匙食用油，將豆腐兩面煎至金黃。
5. 豆腐上面放上洋蔥絲、大蔥片，倒入調味醬汁和鰻魚昆布高湯，以大火煮滾。
6. 煮滾後轉中小火，蓋上蓋子燜煮5分鐘，開蓋後繼續燉煮至醬汁收乾，最後撒上蔥末和白芝麻裝飾完成。

＊ 煮的過程以湯匙舀起醬汁澆上豆腐表面，使豆腐更均勻入味。

雙色雞蛋卷

25 分鐘

▋ 材料（1條）

雞蛋 · 5顆
韭菜 · 1小把
＊約8g
紅辣椒 · 1.5根
＊可用紅蘿蔔或是紅椒代替
鹽 · 少許
＊雞蛋調味

STORY

將雞蛋分成蛋黃與蛋白做成漂亮的雙色雞
蛋卷，內部以鮮豔的紅（紅椒）和綠（韭
菜）點綴，看起來既漂亮又有食慾。

▋ 作法

1　將4顆雞蛋的蛋黃與蛋白作分離，分別裝於兩
　　個碗，並在蛋黃那碗多加一顆全雞蛋，分別打
　　勻備用。
＊　即一碗是4個蛋白、一碗是4個蛋黃＋1顆全雞蛋。

2　韭菜切細末、紅辣椒去內籽後切末備用。

3　蛋黃液與蛋白液皆分別加入一小撮鹽調味，於
　　蛋白那一碗加入韭菜末、紅辣椒末攪拌一下。

4　平底鍋放入1小匙油加熱，用廚房紙巾將油抹
　　勻後，先倒入一半的蛋白液，將蛋液平鋪以中
　　小火煎至半熟狀態後，用鏟子將其從內而外慢
　　慢捲起，重複以上動作直到蛋白液全部捲起。

5　都捲好的蛋白卷移動到鍋子邊緣，於鍋內再加
　　入一點油並用廚房紙巾將油抹勻，接著倒入適
　　量蛋黃液平鋪開來，慢慢地捲起包覆蛋白卷，
　　重複以上動作直到蛋黃液全部捲起。

6　盛起做好的雞蛋卷放入飯卷捲簾中捆好，靜置
　　放涼定型，切成約1.5公分厚的大小完成。

醬油味炒魚板

15 分鐘

材料（2人份）

韓式魚板・3～4張
＊約250g
洋蔥・1/4顆
甜椒・1/4個
＊也可以使用紅蘿蔔
蒜末・1大匙
蔥末・1大匙

調味料

醬油・2大匙
料理酒・2大匙
＊或水替代
糖・0.5大匙
芝麻油・1大匙
黑胡椒粉・少許
白芝麻・0.5大匙

作法

1 魚板放入滾水中汆燙約1分鐘後撈起，快速浸
泡冷水後取出，瀝乾水分備用。
＊ 此步驟可以去除魚板表層的油膩感，並提升口感。

2 魚板直向對切後，再切成約1.5公分寬長片。

3 洋蔥、紅椒切細絲。

4 鍋內放入1大匙食用油，放入蒜末1大匙炒香
後，放入魚板、洋蔥絲、甜椒絲、蔥末，以大
火炒2～3分鐘至洋蔥成透明狀。

5 接著，火轉中火，放入醬油2大匙、料理酒2大
匙、糖0.5大匙後均勻翻炒至醬汁收乾。

6 最後，淋上1大匙芝麻油、撒上少許黑胡椒
粉、白芝麻後再快速翻炒一下完成。

炒堅果小魚乾

15 分鐘

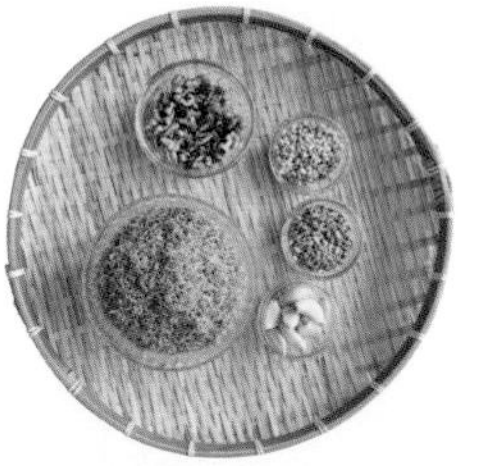

材料

魩仔魚乾・200g
堅果類・50g核桃、30g碎花生、30g葵花籽
＊組合份量自由搭配
大蒜・10瓣

調味料

醬油・2大匙
＊可增減
糖・2大匙
料理酒・3大匙
料理糖漿・2大匙
白芝麻・1大匙

作法

1 核桃用刀切小塊；大蒜切片。
＊ 如用整顆花生，也可用刀將其切小，更好入口。
2 熱鍋後，放入核桃、花生、葵花籽，以小火炒香約1分鐘，盛起備用。
3 同個平底鍋放入小魚乾，以小火炒香脆約1～2分鐘盛起備用。
＊ 小魚乾放在冰箱冷凍庫可能會吸收很多雜味，炒過後味道更乾淨。
4 平底鍋放入2大匙油，放入蒜片炒香後放入小魚乾以中小火炒2～3分鐘。
5 接著放入醬油、糖、料理酒以及所有堅果繼續拌炒約1 分鐘。
＊ 小魚乾買來的時候通常已帶有鹹度，每款產品的鹹度也不同。料理時為了避免太鹹，醬油不一次全放，而是慢慢加入調整鹹淡。
6 關火放入料理糖漿、白芝麻，用餘熱拌炒30秒完成。
＊ 這道小菜是韓國相當常見的常備菜，可以作為古早味便當的配菜（見第211頁），也可以做成飯卷（見第69頁）。

辣拌蘿蔔乾

45 分鐘

材料（4 人份）

蘿蔔乾・150g
青蔥・1小把
＊約35g
紅綠辣椒・各1根

調味料
料理糖漿・4大匙
韓式辣椒粉・3大匙
蒜末・1大匙
醬油・3大匙
糖・0.5大匙
梅子醬・1大匙
白芝麻・1大匙
芝麻油・1大匙

STORY

蘿蔔乾香脆的口感拿來做成涼拌菜，以辣椒粉、糖、醬油等進行調味，滋味甜甜辣辣又香氣十足，拿來配飯或是水煮肉時的配菜都很適合！

作法

1 蘿蔔乾用清水搓洗兩次以上，接著將含有很多水量的蘿蔔乾（即搓洗後不擠掉水分）直接放入一個袋子裡，加入水5大匙後封起來浸潤30分鐘。

＊ 這樣的方式將蘿蔔乾泡開，比起直接泡水可以維持更久的脆度。

2 30分鐘後打開袋子，將蘿蔔乾的水分用力擠掉，晾乾10分鐘備用。

3 青蔥切成4～5公分小段；辣椒對半切後，斜切短絲。

4 準備一個大碗，將蘿蔔乾放進去，先均勻淋上料理糖漿4大匙，用手充分揉拌，讓甜味附著上蘿蔔乾，再放入辣椒粉，拌成漂亮的紅色。

5 接著放入蒜末、醬油、糖及梅子醬充分揉拌後，放入蔥段、辣椒片再輕拌一下，最後撒上白芝麻、淋上芝麻油拌一拌完成。

＊ 放冰箱冷藏過幾天吃更美味。

蝦醬炒櫛瓜

15 分鐘

材料（2～3人份）

櫛瓜·1根
海鹽·少許
＊醃漬用
洋蔥·1/4顆
紅蘿蔔·30g
蝦醬·2小匙
芝麻油·2小匙
白芝麻·少許

STORY

清炒櫛瓜以蝦醬做調味，非常鮮美香甜，
作為便當菜、配菜都很適合！

作法

1 櫛瓜切成0.3～0.5公分厚的半月薄片，均勻撒
   上少許鹽，醃漬約5分鐘，用水沖洗後輕輕擠
   掉水分，瀝乾備用。

2 洋蔥切細絲；紅蘿蔔切細絲；蝦醬切碎。

3 鍋內放入1.5大匙食用油，放入櫛瓜開始炒，炒
   至櫛瓜變軟放入蝦醬一起翻炒。

4 接著放入紅蘿蔔絲、洋蔥絲，一起炒至洋蔥變
   軟。

5 最後淋上少許芝麻油、撒上白芝麻，翻拌一下
   完成。

涼拌黃豆芽

10 分鐘

▌ 材料（2 人份）

黃豆芽・300g
青蔥・3～5支
＊約15g

調味料

鹽・0.5小匙
＊調整鹹淡，可增減
糖・0.8小匙
韓式辣椒粉・1.5大匙
＊可增減
湯醬油・0.5大匙
＊或韓式魚露調味
蒜末・0.5大匙
芝麻油・1大匙
白芝麻・0.5大匙

STORY

韓式涼拌黃豆芽有多種調味方式，本食譜
是以辣椒粉、蒜末、醬油等進行調味，是
香氣十足帶點微辣的口味，怕辣的朋友辣
椒粉可以減量。我們家很喜歡黃豆芽香脆
的口感，是飯桌上相當常見的常備小菜。

▌ 作法

1 將處理好的黃豆芽放入滾水中汆燙約3分鐘。
2 接著放入冷水中冷卻，將豆芽平鋪攤開，瀝乾
  水分。
3 青蔥洗淨後，切成3～5公分長段。
4 豆芽加入鹽、糖、辣椒粉、湯醬油、蒜末，用
  筷子輕輕拌一拌。
5 接著放入蔥段、芝麻油和白芝麻再拌一拌完
  成。

涼拌大醬菠菜

15 分鐘

材料（2人份）

菠菜・1大把
＊約350g
水・1.5L
鹽・0.4大匙

調味料

韓式大醬・1大匙
＊可增減
糖・0.5小匙
蒜末・0.5大匙
芝麻油・0.5大匙
白芝麻・1小匙

作法

1 菠菜放入水中清洗，在靠近根部葉間有很多土沙藏在其中，可搭配水龍頭沖洗徹底洗淨。

2 將大棵的菠菜根部用刀劃十字分成四等分。

3 起一鍋滾水，加入0.4大匙的鹽，將菠菜汆燙約40～50秒後撈起。

＊ 放入菠菜的時候，先放入梗汆燙10秒，再放入葉子，並用筷子翻攪一下菠菜，使其均勻汆燙。

4 菠菜撈起後快速放入冷水，搖晃盆子沖拌菠菜使其快速冷卻。

5 用手擠掉菠菜的水分，將菠菜用刀切十字，分成四等分方便入口的大小。

6 盆中加入所有調味料材料，放入菠菜輕拌均勻即完成，嚐一下鹹淡，可自行微調調味料用量。

＊ 每款牌子的大醬鹹度與風味不一樣，完成後嚐一下，如不夠鹹可以增加大醬的用量調味。

雜菜

<u>70 分鐘</u>

▌ 材料（3～4人份）

韓式冬粉・200g
牛肉絲・120g
洋蔥・半顆
香菇・5朵
菠菜・150g
紅蘿蔔・半根

牛肉絲醃料
醬油・0.5大匙
蔥末・0.5大匙
芝麻油・1小匙
糖・1小匙
蒜末・1小匙
黑胡椒粉・少許

冬粉調味
醬油・3.5大匙
糖・1大匙
芝麻油・1大匙
食用油・1大匙

菠菜調味
鹽／芝麻油・少許

洋蔥／香菇／紅蘿蔔調味
鹽／蒜末・少許

雜菜調味料
芝麻油・1大匙
黑胡椒粉・適量
白芝麻・1大匙

▌ 作法

1　將冬粉事先泡水1小時充分泡軟。

2　牛肉絲以牛肉絲醃料拌均勻後，靜置10分鐘。

3　洋蔥切細絲；紅蘿蔔切細絲；香菇切薄片；菠菜洗淨後，將大株的菠菜分成小株，再對切成兩段。

4　起一鍋滾水，放入菠菜汆燙約20秒後撈起快速放進冷水冷卻，擠掉水分將擠成一團的菠菜分開，加入少許鹽與少許芝麻油調味，用手輕拌備用。

5　於鍋內倒入少許油，放入洋蔥並加入1小撮鹽、少許蒜末炒一炒，炒軟之後盛盤鋪開放涼，香菇及紅蘿蔔也按照以上步驟分別炒好。

6　牛肉絲以中火炒熟備用。

7　起一鍋滾水，將泡好的冬粉放入，水煮滾後再煮約一分鐘撈起。

＊　撈起前試吃一口看冬粉是否已煮透，若沒熟可以再多煮一會。

8　原鍋的水倒掉，鍋面拭乾加入所有冬粉調味料先均勻混合後，將煮好的冬粉放入與調味料均勻翻炒，將多餘水分炒乾後關火。

＊　關火前試吃鹹淡，如果覺得味道不夠鹹可以適度增加一點醬油。

9　準備一個大盆子，放入調味好的冬粉、各種蔬菜、牛肉絲，將所有材料拌一拌，最後加入少許黑胡椒粉、1大匙芝麻油、1大匙白芝麻拌一拌完成。

＊　由於所有食材已各自調味過，因此拌好的雜菜味道應該是正好，如果拌好後覺得味道有點太淡的話，可以加一點點鹽作鹹淡調整。

잡채

韓國人生日或重要節日與慶典時，桌上總會有那麼
一盤色彩繽紛又美味的雜菜！雜菜有快速作法將所
有蔬菜與冬粉一起炒、一起調味的方式，也有不同
食材先各自調味後再拌在一起的作法。我喜歡後者
作法，雖然食材各自處理手續較多，但這樣的作法
能保留各個材料的口感和調味，既不會過度翻炒，
味道控制也較為容易！

泡菜與解膩小菜，百搭又實用

白菜泡菜（辛奇）

1 天

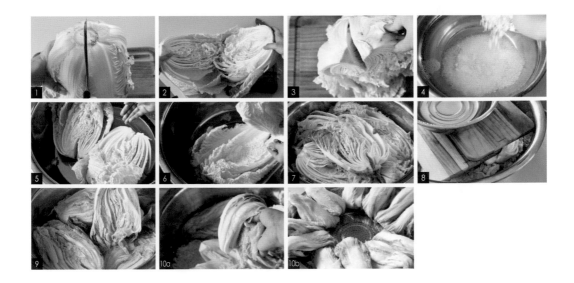

▌ 材料

大白菜．3顆（共約6公斤）
粗鹽．3杯（使用醃泡菜用鹽為佳）
水．3L

▌ 作法

1 白菜根部朝上方立起，用刀切往根部中間位置切至1/3左右的深度但不切到底。
2 用手將白菜自然地掰開成兩半。
3 每顆剖半的白菜根部中間再劃一刀約10公分深的切口，並削掉內側的硬根。
4 準備一個大盆倒入水3L，並從共3杯的鹽量中取300g的鹽，先調製成鹽水，用手攪一
  攪鹽水讓鹽充分溶解。
5 將白菜放入鹽水盆子中，用手潑鹽水潑溼整顆泡菜，確保每片葉子之間都有充分浸溼
  到鹽水。
6 製作鹽水後剩餘的鹽則用來撒在葉子之間： 將浸過鹽水的白菜每2～3片葉子之間都放
  入少許鹽 ，尤其在靠近根部較硬的部位撒鹽。
7 重複作法5～6，確保每顆白菜都浸鹽水和撒鹽，將完成的白菜疊好，如有剩餘的鹽集
  中抹在白菜的根部，將剩餘的鹽水全部淋在白菜上。
8 接著用重物壓在白菜上，醃漬8～12小時左右。
* 醃漬時間根據季節、天氣和白菜的大小等因素有所不同，通常冬天醃8～12小時，夏天醃6～8小
  時左右。
* 白菜上面放上隔板（或砧板），上面再放上重物，如沒有重物，可以盆子裝水取代重物，壓在隔板
  上。
9 醃漬期間每3～4小時交替白菜的上下位置，讓所有白菜都能均勻醃漬。
10 經過醃漬的白菜，靠近根部的部位應變得相當柔軟可彎曲，用清水將白菜洗3遍，白菜
   葉子朝下斜倒放在籮筐中瀝乾水分，約至少3～4小時的時間白菜方能充分瀝乾。
* 大白菜可以使用韓國進口大白菜，或是山東大白菜。

第二步：製作泡菜調味醬料

▌材料

珠蔥·250g
白蘿蔔·半根
＊約800g
大蔥（蔥白）·2根
蒜末·150g
韓式辣椒粉·350g
韓式鯷魚露·150ml
蝦醬·80g
生蝦·100g
＊可省略

高湯材料

水·1.2L
高湯用鯷魚乾·8～10個
明太魚乾·15g
高湯用蝦乾·10g
昆布·10×10公分 1張
乾香菇·3～4朵
大蔥·1根
白蘿蔔·1塊
＊約200g
洋蔥·1/3顆

糯米糊

高湯·500ml
糯米粉·25g

洋蔥梨子蘿蔔汁

洋蔥·1顆
梨子·1顆
乾辣椒·3根
白蘿蔔·1塊
＊約200g
薑·30g

▌作法

1 鍋中放入所有高湯材料，用大火煮滾後，轉中小火煮5分鐘後將昆布撈出來，再續煮25分鐘後將材料都撈出來，完成基底高湯。

2 鍋內放入500ml高湯，加入糯米粉25g，用小火邊煮邊攪拌成漿糊狀後，關火放涼。

3 煮高湯同時，將珠蔥洗淨切成4～5公分小段；白蘿蔔切絲；大蔥直對半切後，斜切短絲。

4 將洋蔥1顆、梨子1顆、白蘿蔔200g切小塊，和其他洋蔥梨子蘿蔔汁的材料一起放入攪汁機，將材料打成泥漿狀完成洋蔥梨子蘿蔔汁。

＊ 可以加入高湯（或水）1/3杯幫助攪打。

5 新鮮的生蝦，用攪拌機攪成泥狀備用。

＊ 蝦子可省略，如要使用，一定要選用非常新鮮的蝦子。

6 準備一個大盆，將洋蔥梨子蘿蔔汁倒入，接著放入糯米糊、韓式辣椒粉、鯷魚露、蝦醬、生蝦泥拌均勻。

7 醬料盆中先放入蘿蔔絲，拌一拌後嚐一下鹹淡，加鹽2～3大匙調整，再放入珠蔥段、大蔥絲拌一拌完成。

＊ 最後製作出來的泡菜調味醬料，要比鹹淡適中的感覺再稍微更鹹一點，最後醃漬出來的泡菜鹹淡才會剛好。因此完成後要試吃，並加鹽調整鹹度。

1 將每片白菜之間均勻放入泡菜調味料。

2 用最外層的菜葉將整顆泡菜包覆住，面朝上放入容器內密實地疊起來，蓋上蓋子密封好，室溫放置1～2天（天氣熱的話，放半天即可），接著放冰箱保存，約2～3星期後食用風味較佳。

＊ 泡菜隨著發酵時間的不同，風味也不一樣。想要快點吃到發酵完成的泡菜，室溫發酵時間可以拉長。每個階段的泡菜風味都不一樣，當泡菜開始變酸，拿來煮泡菜鍋或是其他泡菜料理都很適合。

＊ 由於白菜的大小不同，最後的調味醬料可能會有剩餘，可以將其放入夾鏈袋壓平壓出空氣密封好，放入冷凍庫冷藏，下次醃泡菜時放冷藏退冰後使用。或是再準備一些白菜（切小塊），鹽漬後再直接以剩餘的調味醬料小份量製作泡菜即可。

蘿蔔塊泡菜

100 分鐘

STORY

韓國人家庭不能缺少的一款泡菜除了白菜泡菜,再來就是蘿蔔塊泡菜了吧!口感清脆帶甜,常見搭配血腸湯、雪濃湯、各種湯飯或泡麵等,是除了白菜泡菜以外最常見的泡菜之一,而且作法還比白菜泡菜簡單很多呢,快來試試看!

▍材料

白蘿蔔‧2條
＊一條約1.3～1.5公斤
粗鹽(醃漬用)‧3大匙
糖‧2大匙
珠蔥‧80g

糯米糊
水‧100 ml
糯米粉‧0.5大匙

調味醬料
韓式辣椒粉‧1杯
＊約100g
梨子‧半顆
洋蔥‧1/4顆
蒜末‧50g
生薑泥‧1大匙
蝦醬‧45g
韓式魚露‧4大匙
料理糖漿‧2大匙
糖‧1大匙
鹽‧約0.5大匙
＊可增減

▍作法

1 將洗淨的蘿蔔切成約2.5公分的正方體;珠蔥洗淨切成3～4公分小段。

2 白蘿蔔方塊均勻撒上3大匙粗鹽、2大匙糖拌一拌醃漬1小時。
＊醃漬期間翻拌白蘿蔔2～3次,以利均勻醃漬。

3 鍋裡放入100ml水,加入糯米粉0.5大匙,用小火邊煮邊攪拌成黏糊狀完成糯米糊備用。

4 將1/4顆洋蔥與1/2顆梨子磨成泥狀;蝦醬切細碎備用。

5 大盆中放入洋蔥泥、梨子泥、糯米糊以及除了辣椒粉、鹽以外的其他所有調味醬料材料,混合均勻。

6 白蘿蔔醃漬1小時後,不用清洗直接將白蘿蔔放在瀝盤30分鐘瀝掉水分。

7 盆中放入瀝乾水分的白蘿蔔,加入辣椒粉揉拌成好看的紅色。

8 接著放入剛剛調製好的調味醬料,均勻拌一拌,拌好後嚐一下醬料的鹹淡,不夠鹹加入鹽約0.5大匙。

9 最後加入珠蔥段再輕拌完成。將拌好的蘿蔔塊泡菜放入保鮮盒密封好,室溫熟成1天再放入冰箱冷藏,熟成5～6天以上風味更佳。
＊很熱的夏天天氣,室溫熟成半天即可。

黃瓜泡菜

70 分鐘

每到夏天,這款將泡菜餡料塞進黃瓜肚子裡的「夾料式黃瓜泡菜」特別受到韓國人的歡迎,做好即可馬上享用的黃瓜泡菜,口感香脆清爽,是炎熱天氣中解救食慾的開胃小菜。

▌ 材料（4 人份）

小黃瓜・5根
＊粗的為佳

洋蔥・1/4顆

韭菜・一把
＊約120g

珠蔥・一小把
＊約50g

紅辣椒・3根

醃漬材料

水・600ml

粗鹽・60g

調味料

韓式辣椒粉・4大匙

蒜・3瓣

薑・1小塊
＊約5g

糖・1大匙

韓式魚露・2大匙

水・200ml

冷飯・50g

鹽・1小匙
＊可增減

▌ 作法

1 洗淨的小黃瓜以熱水均勻淋上表面後,馬上以冷水沖洗。
＊ 此步驟可讓小黃瓜維持脆度更長時間。

2 小黃瓜去頭尾再切成4等分,接著立起黃瓜用刀劃十字切口,底部保留一公分高度。
＊ 小黃瓜選擇粗粗長長的為佳,4等分後的每根短條長度約有6公分。

3 將所有醃漬材料放入大盆中,並攪拌至鹽完全溶解後,放入黃瓜醃漬約40～50分鐘。
＊ 過程中時常上下翻動小黃瓜以利均勻醃漬。

4 醃漬小黃瓜的同時,準備餡料: 韭菜切成0.5～1公分小段,珠蔥也切成等長小段,洋蔥切成相似大小的碎末,紅辣椒對半切後去籽,再斜切短短細絲,材料全部切好備用。

5 將調味料的所有材料一起放入食物攪拌機攪拌。

6 攪拌好的調味料混入洋蔥末、韭菜與珠蔥段、紅辣椒絲拌勻,完成調味內餡。
＊ 完成後的調味內餡請試吃一口,可加鹽調整鹹淡。

7 40～50分鐘醃漬後的小黃瓜會變得有彈性,以清水沖洗一次,輕輕用手擠掉水分瀝乾備用。
＊ 小黃瓜清洗一次後請試吃,應為淡淡的鹹味,如太鹹可多洗一次小黃瓜。

8 往小黃瓜的十字切口塞入調味內餡,外層也抹上一層餡料後放入保鮮盒密封好,於室溫放置半天～1天熟成,接著放冰箱冷藏。
＊ 小黃瓜開始熟成後,會快速軟化,儘早食用口感越香脆!

水蘿蔔泡菜

70 分鐘

節日期間吃煎餅、烤肉或調味肉排時，韓國人喜歡旁邊盛一碗清爽的水蘿蔔泡菜，發酵後的蘿蔔清爽脆口，湯汁更是非常解膩，此外，水蘿蔔泡菜湯汁更是做冷麵湯不可或缺的湯頭基底。這個食譜的作法是將蘿蔔切小塊快速醃漬的簡易版本，沒有難度也不容易失敗，快來試試看！

▌材料

白蘿蔔．1個
＊約1.3～1.5公斤

粗鹽（醃漬用）．2大匙
糖．2大匙
珠蔥．8支
紅辣椒．2根
青辣椒．2根
梨子．半顆
大蒜．8瓣
生薑．10g

糯米糊

水．200 ml
糯米粉．1大匙

調味湯汁

梨子．半顆
洋蔥．半顆
水．1.7L ＋ 200ml
糖．2大匙
鹽．1大匙
韓式魚露．1大匙

▌作法

1 將洗淨的蘿蔔切成1.5公分厚、5公分長的長方條，均勻撒上2大匙粗鹽、2大匙糖拌一拌醃漬1小時。

2 辣椒斜切片；珠蔥洗淨後每4支打結綑綁；梨子切片；大蒜和薑切片放入高湯袋，完成大蒜薑片袋。

3 將洋蔥半顆、梨子半顆放入攪汁機，加入水200ml攪成洋蔥梨子汁，再放入料理棉布擠出汁液，裡面的殘渣不使用。

＊ 如沒有棉布，也可以使用過濾網篩，將洋蔥梨子汁放上網篩後，用湯匙劃圈讓汁液徹底過篩。

4 鍋裡放入200ml水，加入糯米粉1大匙，用小火邊煮邊攪拌成稠狀完成糯米糊。

5 盆中倒入水1.7L以及糯米糊，先攪拌均勻後再加入糖2大匙、鹽1大匙、韓式魚露1大匙、洋蔥梨汁，攪拌至鹽與糖完全溶解完成調味湯汁。

6 保鮮盒底部放入大蒜薑片袋，將蘿蔔（包括出水的水分）全部放入，接著放上梨子片、珠蔥、辣椒，倒入調味湯汁，蓋上蓋子密封，於室溫熟成1～2天放入冰箱冷藏。

＊ 很熱的夏天天氣，室溫熟成半天即可。

7 約3～4天後可以食用，將要吃的蘿蔔份量盛碗，再倒入些許水蘿蔔泡菜湯汁，湯汁可自行加糖或鹽進行鹹淡味道調整。

紫蘇葉泡菜

30 分鐘

鹹香帶辣的紫蘇葉泡菜是韓國人相當喜歡的小菜。紫蘇葉特殊的香氣，一片片地塗上特製的調味料，放入冰箱熟成幾天後，就是讓人可以大碗扒飯的下飯神器。

▌ 材料

紫蘇葉‧100張
青蔥‧3～5根
辣椒‧3根
紅蘿蔔‧30g
洋蔥‧1/4顆

調味料

韓式辣椒粉‧5大匙
韓式魚露‧2大匙
醬油‧2大匙
梅子醬‧2大匙
＊可以料理糖漿替代
糖‧1小匙
蒜末‧1大匙
白芝麻‧1大匙
薑末‧2小匙
鹽‧0.2小匙
＊可增減
鰻魚昆布高湯‧60ml
＊作法見第13頁，或以水替代

▌ 作法

1 紫蘇葉的葉柄剪掉僅留1公分左右，一片片洗淨後瀝乾水分備用。
＊要留下1公分左右，才方便之後用筷子夾取。

2 紅蘿蔔與洋蔥切細絲；青蔥切細蔥花；辣椒對切後去籽，斜切短細絲。
＊食材要盡量切細，做成調味料才不會影響整體口感。

3 大碗中放入所有調味料材料攪拌均勻。
＊鹽最後放，混合好後嚐一下鹹淡，不夠鹹放鹽，鹽量可以增減。

4 接著放入紅蘿蔔絲、洋蔥絲、蔥花與辣椒絲，再拌一拌完成調味料。

5 將瀝乾水分的紫蘇葉，每2張之間塗上些許調味料，整齊疊在容器內並蓋上蓋子，於室溫放置3～4小時左右，再放進冰箱冷藏。
＊本食譜調味鹹香帶辣，如果每張都塗上調味料反而會過鹹又太辣，因此注意是每2張塗一次，才能完成鹹淡剛好又美味的紫蘇葉泡菜唷！
＊每次塗上的調味料建議約為0.5大匙，僅需塗上薄薄一層的調味料味道就相當足夠唷！

香拌蘿蔔絲

40 分鐘

STORY

這道小菜經常作為韓式菜包肉的配菜，香脆的蘿蔔絲搭配肉類一起吃，既解膩又爽口，食譜中還特別加入了香甜多汁的梨子，讓整體風味更有層次。

▌ 材料（3～4人份）

白蘿蔔 · 約500g
粗鹽 · 1大匙
＊醃漬用
珠蔥 · 1小把
＊約30g
韭菜 · 1小把
＊約30g
梨子 · 1/4 顆

調味料

韓式辣椒粉 · 3大匙
糖 · 1.5大匙
蒜末 · 1大匙
生薑末 · 0.3大匙
大蔥末 · 1大匙
＊可用一般青蔥末取代
韓式魚露 · 1大匙
梅子醬 · 1大匙
＊或以料理糖漿取代
白芝麻 · 1大匙
＊白芝麻先搗磨後使用更香

▌ 作法

1 白蘿蔔切成1～1.5公分厚的粗絲，均勻撒上1大匙鹽後拌一拌，醃漬約30分鐘。

2 醃漬蘿蔔的同時，將韭菜、珠蔥切5公分長段，梨子切等長的粗絲備用。

3 醃漬30分鐘後的蘿蔔應變得柔軟可彎曲，輕擠出多餘水分瀝乾備用。
＊ 擠乾水分前試吃一下，應是淡淡的鹹味，如覺得太鹹，用水沖洗1～2遍，直到鹹味變淡變適中後，再擠掉水分。

4 白蘿蔔絲最先加入調味料中的韓式辣椒粉，用手輕拌均勻。
＊ 調味料中最先放入韓式辣椒粉，用手輕拌至蘿蔔絲呈均勻的紅色後，再放入其他調味料。先放辣椒粉有助於上色，使顏色更加均勻好看。

5 加入調味料中的其他所有材料，再輕輕拌一拌。

6 最後加入蔥段、韭菜段、梨絲，均勻輕拌後，撒上白芝麻完成。

涼拌韭菜

10 分鐘

材料（3～4人份）

韭菜・1大把
＊約150g
洋蔥・半顆
白芝麻・0.5大匙

調味料

韓式辣椒粉・1.5大匙
韓式魚露・0.7大匙
＊或以醬油替代
糖・0.5大匙
梅子醬・1.5大匙
＊也可使用料理糖漿替代
蒜末・0.5大匙
芝麻油・0.5大匙
鹽・1小撮
＊可增減

STORY

這道小菜是吃韓式烤五花肉時的常見配菜，可以直接和肉一起夾著吃，也可以包入生菜與肉一起包著吃。韭菜的特殊香氣，以香辣帶甜的調味醬調味後，和烤肉形成美妙又協調的組合。

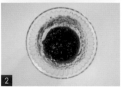

作法

1　韭菜切成4～5公分長段；洋蔥切細絲。
2　將調味料所有材料混合均勻。
3　碗中放入韭菜段、洋蔥絲，放入調味料均勻輕拌，最後撒上白芝麻完成。
＊拌好後要盡快食用口味更佳，可將材料與醬料分開備好，要吃的時候再拌。
＊拌的時候一定要輕拌，應避免手勁過強，也可以使用筷子上下輕輕翻拌。

涼拌小黃瓜

30 分鐘

材料（3～4人份）

小黃瓜・2根
洋蔥・半顆
大蔥・半根
＊蔥白部分
粗鹽・1大匙
＊鹽漬用

調味料

韓式辣椒粉・2大匙
糖・0.5大匙
梅子醬・1大匙
＊或以料理糖漿代替
蒜末・0.5大匙
醋・1大匙
鹽・0.5小匙
芝麻油・0.5大匙
白芝麻・1大匙

STORY

沒有胃口的時候，準備幾條清脆爽口的小
黃瓜，以各種調味料拌一拌後，立馬變身
成開胃又解膩的好味道，是我們家常駐冰
箱的涼拌小菜。

作法

1 洗淨的小黃瓜長邊對半切，接著斜切片。
＊ 小黃瓜先用清水洗淨，再以粗鹽搓洗表面，有助於
將異質物去除，搓乾淨後再以清水沖洗一次。

2 切好的小黃瓜均勻撒上1大匙鹽後拌一拌，醃
漬約20分鐘至黃瓜出水，過程中上下翻動一次
以均勻醃漬。

3 醃漬後的小黃瓜用清水洗過一遍後將水分擠
出。
＊ 可放入棉布包起來更好地將水分擠出。

4 洋蔥切細絲；蔥對半切後，斜切短絲備用。

5 大盆中放入黃瓜、洋蔥，接著加入辣椒粉、
糖、梅子醬、蒜末、醋及鹽均勻翻拌。
＊ 可以拌好後試一下鹹淡，鹽量可增減。

6 接著放入蔥短絲，淋上芝麻油，撒上少許白芝
麻再拌一拌完成。

涼拌蔥絲

20 ～ 25 分鐘

吃烤肉的時候，直接配肉一起吃，或是與肉一起包進生菜吃
都很美味！

▌ 材料（2～3人份）

大蔥·3根
＊約可切出100g的蔥絲

調味醬料

醬油·0.5大匙
醋·0.5大匙
糖·0.5大匙
韓式辣椒粉·0.5大匙
芝麻油·0.3大匙
白芝麻·0.3大匙
鹽·0.2小匙
＊可增減

▌ 作法

蔥絲作法

1a 大蔥切成約10公分長段。
1b 蔥白部分用刀將表層劃開（不切到底）。
1c 取出內芯。
1d 將大蔥鋪開後，捲起成小長方塊。
1e 切成細絲狀。
＊ 蔥綠部分也以相同方法切開，沒有內芯直接捲起切成蔥絲。

2 將切好的蔥絲放入冰水10分鐘除去辣味，撈起瀝乾後以廚房紙巾
　吸掉多餘水分備用。
3 將調味醬料的所有材料混和均勻。
4 將醬料倒入裝有蔥絲的盆中，輕輕用筷子拌勻完成。
＊ 大蔥的長度與粗細不一，此食譜的醬汁量約可做3根的大蔥，如使用的蔥
　較為小根，可自行增加蔥的用量。
＊ 拌好醬料的蔥絲容易出水且口感變得不好，建議醬料與蔥絲分開存放，食
　用前再進行拌醬料的動作。
＊ 醬料建議不一次性全放，慢慢放入邊拌邊調整，只要蔥絲都沾附醬料即
　可，放過多的醬料，反而味道與口感會變得太厚重唷！

洋蔥絲蘸醬

20 分鐘

材料（約 5～6 人份）

洋蔥‧1顆
韭菜‧1小把

調味醬汁
醬油‧3 大匙
水‧6大匙
醋‧3大匙
糖‧3大匙
黃芥末醬‧1小匙

STORY

吃烤肉的時候，給飯桌上的每個人都準備一碟洋蔥絲蘸醬吧！滋味酸酸甜甜，直接配肉一起吃，或是與肉一起包進生菜吃都很美味！

作法

1 洋蔥整顆削成洋蔥細圈，泡冰水10分鐘去除辣味後將水瀝乾。

* 建議使用削片器，洋蔥越細薄，搭配生菜包肉吃的時候，口感更好。

* 削出來的洋蔥細圈可直接使用，或是中間切一刀變成洋蔥絲更方便夾用。

2 韭菜切成約5～6公分的小段。

3 將調味醬汁的所有材料混和均勻。

4 在小碟子中放入些許洋蔥絲、韭菜段，淋上幾勺調味醬汁完成。

* 洋蔥尺寸有大有小，吃烤肉的時候，普通大小的洋蔥1顆可供應4人份的洋蔥絲蘸醬。可根據需求量自行調整洋蔥使用量，沒有使用完的醬汁密封好放冰箱保存。

醬漬紫蘇葉

15 分鐘

▌材料

紫蘇葉‧100張
紅綠辣椒‧共3根
蒜‧5瓣

▌調味料

水‧600ml
醬油‧200ml
糖‧150g
醋‧150ml

STORY

酸酸甜甜的醬漬紫蘇葉是我們家必備的醃漬小菜之一，吃烤肉或肉類料理時作為解膩的配菜。吃烤肉的時候，韓國人會在醃漬紫蘇葉上面放上烤肉，包起來一口吃下，這樣吃可是相當美味呢！

▌作法

1 紫蘇葉的葉柄剪掉僅留1公分左右，一片片洗淨後擦乾水分備用。

* 留下1公分左右方便之後用筷子夾取。

2 辣椒斜切片；大蒜切片。

3 製作醃漬液： 鍋內放入水600ml，糖150g 和醬油200ml一起煮滾，至糖完全融化後關火，加入醋150ml攪拌一下放涼備用。

4 瀝乾的紫蘇葉放入乾淨的容器內，放入辣椒片和大蒜片。

5 接著倒入放涼的醃漬液，蓋上蓋子放冰箱冷藏，3～4天後食用風味更佳 。

* 醃漬液要蓋過最上層的紫蘇葉，容器內可放重物壓著更好地進行醃漬。

生拌蘿蔔絲

25 分鐘

材料（3～4人份）

白蘿蔔·約500g
粗鹽·0.5大匙
＊醃漬用

白芝麻·少許
芝麻油·少許

調味料
韓式辣椒粉·1.5～2大匙
蔥末·2大匙
蒜末·1大匙
醋·1大匙
糖·1大匙
鹽·0.5小匙
＊調整鹹淡，可增減

作法

1　白蘿蔔切成長約7公分的細絲，均勻撒上0.5大匙鹽後拌一拌，醃漬約15分鐘。

2　醃漬後的蘿蔔應變得柔軟可彎曲，用手將水分擠出並瀝乾。

3　接著，放入韓式辣椒粉拌一拌後，再加入其他調味料均勻翻拌。

＊　調味料中最先放入韓式辣椒粉，用手輕拌至蘿蔔絲呈均勻的紅色後，再放入其他調味料。先放辣椒粉有助於上色，使顏色更加均勻好看；鹽則建議最後放，可以邊試吃邊調整鹹淡。

4　最後，淋上芝麻油，撒上少許白芝麻，再拌一拌完成。

＊　放冰箱冷藏過幾天吃更美味。

醃漬蘿蔔

30 分鐘

材料

白蘿蔔・1根
＊約1.3～1.5kg
粗鹽・0.5大匙

醃漬材料
水・500ml
糖・200g
醋・200ml
醃漬香料（pickling spices）・1大匙
鹽・1大匙

STORY

酸酸甜甜的醃漬蘿蔔適合拿來作為解膩的配菜，小方塊為配炸雞用，薄片則可以用來配肉或包肉。

作法

1　將白蘿蔔切成方塊狀和薄片。方塊為配炸雞用，薄片狀為包肉用。
＊蘿蔔薄片建議使用削片器才能削得又薄又均勻。
＊蘿蔔方塊建議為邊1.5公分左右，可用大拇指指甲寬度為基準，邊切邊測量方能切出均勻人小的方塊。邊角不成塊多餘的殘留不須丟掉，可以保存起來煮湯。

2　將切好的白蘿蔔均勻撒上0.5大匙鹽，用手拌一拌後醃約10分鐘，直到蘿蔔變軟出水。
＊薄蘿蔔片容易彼此附著在一起，將蘿蔔片翻開每片之間皆撒一點鹽，方能更均勻地醃漬。

3　將醃過的蘿蔔輕輕擠掉水分，分別放入乾淨的容器內。
＊放入容器前試吃一下，蘿蔔帶有淡淡的鹹味為正常，如果感覺太鹹可以用清水快速洗一～兩次再瀝乾水分即可。

4　製作醃漬液：鍋內放入水500ml，糖200g和鹽1大匙一起煮滾，至糖完全融化煮滾後關火，加入醋200ml攪拌一下放涼。
＊容器使用耐熱的玻璃容器，且密封效果要好。容器以熱水消毒後，要徹底擦乾水分才能使用。

5　容器中倒入醃漬液（要蓋過蘿蔔）後蓋上蓋子，室溫熟成1天，接著放冰箱冷藏熟成3～4天後食用，風味更佳。

醃漬黃蘿蔔

35～40分鐘

黃蘿蔔長條廣泛用於紫菜包飯，半月形
則可以作為解膩小菜，作法簡單可以一
次性大量製作放冰箱保存，鹽漬黃蘿蔔
算是韓式醃漬物中最實用的一款呢！

▍材料（3～4人份）

白蘿蔔・1根
＊約1.3～1.5kg
粗鹽・0.5大匙

醃漬材料

水・500ml
糖・200g
醋・200ml
鹽・1大匙
梔子・6～8個
醃漬香料（pickling
spices）・1大匙

＊ 梔子是中藥材的一種，
　也是很好的天然色素來
　源，加入梔子進行醃漬
　就可以做出自然漂亮的
　黃蘿蔔。

＊ 醃漬香料內包含桂皮、
　月桂、芥菜籽等綜合香
　料，可增添更多風味與
　香氣，如沒有可省略。

▍作法

1 白蘿蔔切成長條和半月薄片。
＊ 長條為韓式飯卷使用，半月形狀可作為一般小
　菜。
＊ 切的時候，先測量飯卷用長度，將主體切成長
　條後，頭尾部分切成半月狀。

2 均勻撒上0.5大匙鹽用手輕輕拌一拌醃30
　分鐘，直到蘿蔔變軟出水。

3 將乾梔子打碎，放入高湯袋，並加入1大
　匙醃漬香料，將高湯袋封好。

4 製作醃漬液：鍋內放入水500ml，糖
　200g，鹽1大匙和梔子香料袋　起煮滾，
　至糖完全融化煮滾後關火，加入醋200ml
　攪拌一下放涼。

5 將醃漬後的蘿蔔擠掉水分，瀝乾後放入乾
　淨的容器內。

6 將梔子香料袋也放入容器後，倒入放涼的
　醃漬液（要蓋過蘿蔔），蓋上蓋子在室溫
　熟成1天，接著放冰箱冷藏熟成3～4天後
　食用，風味更佳。
＊ 隨著醃漬的時間變長，顏色會更上色。

醃漬液比例

＊ 每款醋的風味與酸度不同，根據個人喜好，
　水、醋與糖的比例可作調整。本食譜使用的醃
　漬液比例為5：2：2（水：醋：糖），喜歡味道
　再重一點的也可以嘗試2：1：1。

乾杯！ 韓食酒館在我家

魷魚泡菜煎餅

30 分鐘

STORY

泡菜煎餅是韓式料理中最基礎的美食之一，只要有泡菜和麵粉就能製作。泡菜煎餅可加入各式材料如火腿、香腸、鮪魚，或是像本食譜放入有嚼勁的魷魚，做成小片狀增加油煎的接觸面，口感變得更香脆可口唷！

▊ 材料（2人份）

泡菜·1杯
＊選擇發酵時間較長，
變酸一點的泡菜為佳

魷魚·半尾
＊約80g

大蔥·半根
＊或青蔥，約5支

辣椒·1根
＊怕辣去籽，或省略

▊ 麵糊材料

韓式煎餅粉·0.5杯
＊麵糊調製方法見下方說明

酥炸粉·0.5杯
冰水·2/3 杯
雞蛋·1顆
糖·0.5小匙
韓式辣椒粉·0.5大匙
蒜泥·0.5大匙

麵糊調製方法

＊ 水和粉的比例原為1：1，但因泡菜會生水，因此水量要減少一點準備2/3杯，調製好的麵糊呈可流動狀，若太濃稠可適度加水調整。

＊ 酥炸粉以低筋麵粉等成分組成，可使煎餅脆度提升，如沒有酥炸粉，可全部都使用煎餅粉。

＊ 如欲使用一般麵粉製作麵糊，可採中筋麵粉：低筋麵粉：太白粉=1：1：1的比例調製，並加入些許鹽與黑胡椒粉調味。

▊ 作法

1 泡菜切成小塊狀；大蔥切蔥花；辣椒切圈。
2 處理好的魷魚切條，再切成小塊。
3 大盆中放入所有麵糊材料，攪拌均勻。
4 麵糊中放入泡菜、魷魚、蔥花、辣椒，輕拌均勻。
5 起一熱鍋，加入充分的食用油，以湯匙舀出適量的魷魚泡菜麵糊平鋪成小圓片。
＊ 也可放上辣椒片做裝飾。
6 以中火將底面煎至金黃後翻面，當兩面都煎至金黃、周圍帶焦脆感後盛起享用。

煎餅香脆小技巧

＊ 油要足夠才會比較脆，煎的過程中如油不夠，請適度加油。

＊ 一開始一定要熱鍋，可先放一點麵糊測試，當發出嘶嘶聲音時，代表可以放上泡菜麵糊了。

＊ 麵糊不宜鋪太厚，否則會會不脆，適當厚度的薄片為佳。

＊ 火候控制很重要，維持中火將餅煎至硬脆，翻面後可用鏟子適度壓一下，讓中間以及較厚的部位受熱；煎的過程中，適度移動煎餅使其均勻受熱。

＊ 最後起鍋前，將火轉大一些些，將麵糊裡的水分逼出來、增加周圍餅皮的焦脆感，吃起來口感會更好。

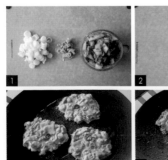

洋釀棒棒腿

50 分鐘

這道韓式炸雞選用雞翅前端的棒棒腿部
位，肉質柔軟且size小巧，製作起來更
容易，不用擔心內部不熟的問題。此
外，本食譜油量使用較少，以半煎半炸
的方式依然能保有香脆感，調味是大家
熟悉的韓式洋釀醬，每一口都是令人上
癮的味道！

▌材料（1～2人份）

小棒棒腿・350g
＊雞翅前端部位
太白粉・2大匙
酥炸粉・1大匙
鹽／黑胡椒粉・少許
油炸用油・約200g
杏仁片・少許

調味醬汁
韓式辣椒醬・1大匙
韓式辣椒粉・1大匙
料理糖漿・4大匙
糖・2大匙
醬油・1大匙
番茄醬・1.5大匙
料理酒・1大匙
蒜末・1大匙
黑胡椒粉・少許
水・2大匙

▌作法

1 雞棒棒腿清洗乾淨後以廚房紙巾拭乾水
　分，肉厚的部位劃幾刀，以少許鹽和黑胡
　椒粉抓醃，放冰箱靜置30分鐘。

2 準備一塑膠袋，放入太白粉和酥炸粉，兩
　款粉混合均勻後放入棒棒腿，搖一搖袋子
　讓粉均勻裹上備用。

3 起一油鍋，油熱後放入棒棒腿，單面煎至
　金黃後翻面，兩面皆煎到金黃後撈起備
　用。

4 一平底鍋內放入所有調味醬汁材料，加熱
　至冒泡醬汁變濃稠。

5 將棒棒腿放入調味醬汁的鍋子裡，均勻翻
　炒後完成，撒上杏仁片上桌。

半油炸小技巧

＊ 不同於其他炸雞食譜，此作法用油較少，以類
　似半煎半炸的方式，口感依然香脆可口。選擇
　適中大小帶深度的鍋子，油量不須完全蓋過雞
　肉，只需達到雞肉一半的高度即足夠，可根據
　使用的鍋子大小及深度調整油量。

＊ 第一次單面煎約8～10分鐘，呈金黃後翻面再煎
　3～5分鐘，中間不宜一直翻面，反而會影響香
　脆度。兩面皆煎至香脆金黃後，可轉大火提高
　溫度，繼續煎炸2分鐘至整體更加酥脆後完成。

韓式辣味雞肉串

35 〜 40 分鐘

一道簡單又美味的下酒菜，將鮮嫩的雞腿肉和大蔥串在一起，刷上特調韓式風味醬汁，辣椒醬與辣椒粉的微辣混入番茄醬的酸甜，滋味正好！別忘了來一杯冰涼的啤酒唷！

▌ 材料（約7串）

去骨雞腿肉・600g
大蔥・4根
竹籤・7支

雞腿肉醃料
鹽・1/3小匙
黑胡椒粉・少許
料理酒・1大匙

韓式辣味醬汁
韓式辣椒醬・1大匙
韓式辣椒粉・1大匙
料理酒・1大匙
料理糖漿・2大匙
糖・1大匙
醬油・1大匙
番茄醬・1大匙
蒜末・1大匙
生薑末・0.5小匙
水・1大匙
黑胡椒粉・少許

▌ 作法

1 雞腿肉按紋理切成4公分塊狀，以雞腿肉醃料抓醃後，靜置20分鐘備用。
* 抓醃時手要施點力，醃料入味後更有味！
* 要使用新鮮雞腿肉，去皮不去皮都可以，用剪刀將邊緣多餘白色脂肪剪掉，口感更佳。

2 將大蔥蔥白部分切成4公分長段。

3 小碗中加入韓式辣味醬汁的所有材料，混合均勻備用。

4 雞肉和大蔥以竹籤依序交叉串起。
* 串的時候小心不要刺到手，可以旋轉的方式慢慢往前推串起。
* 讓材料緊密地串在一起，煎的時候才不易散開。

5 平底鍋加入2大匙食用油加熱，放上雞肉串將兩面煎至金黃。
* 雞肉串第一次翻面後蓋上蓋子加熱約2～3分鐘，加熱過程中可加入兩匙水幫助雞肉內部燜熟。

6 雞肉煎至8～9分熟後，兩面均勻刷上醬汁，中大火加熱至雞肉熟透、醬汁收汁後，撒些白芝麻裝飾完成。

起司豬肋排

80 分鐘

不同於美式炭烤肋排的吃法，在家不用烤箱也能以燉煮的方式，享受美味肥嫩的豬肋排。帶點微辣的韓式調味醬與香濃的起司，融合成十分有魅力的滋味，多層次的味覺享受，讓人吮指回味。

▌材料（2～3人份）

豬肋排・900g
披薩起司・350g
＊可增減，可用雙色起司或
　單使用莫札瑞拉起司

辛香材料
水・1.5L
韓式大醬・1大匙
＊可省略
大蒜・5瓣
大蔥・1根
洋蔥・半顆
料理酒・5大匙
＊可用燒酒或清酒替代
月桂葉・3～4片
黑胡椒粒・少許

調味醬料
韓式辣椒粉・3大匙
韓式辣椒醬・1.5大匙
醬油・3大匙
料理酒・3大匙
糖・1.5大匙
料理糖漿・2大匙
蒜末・1.5大匙
黑胡椒粉・些許
水・300ml

▌作法

1　豬肋排去薄膜後，肋排分塊，浸泡水30分鐘去血水。

2　鍋內加入水和所有辛香材料，水滾後放入豬肋排煮20～30分鐘。
＊ 煮好後的豬肋排，骨頭周圍常有雜質，建議煮好後要以清水沖洗乾淨。

3　將水以外的所有調味醬料材料混合均勻。

4　鍋內放入豬肋排、調味醬料、水300ml，中火燉煮約20分鐘至醬料收汁沾覆肋排為止。
＊ 加熱時常常翻動肋排，讓醬料均勻沾覆。

5　烤盤或鐵盤上放上起司，以烤箱或小火加熱至融化，放上煮好的豬肋排一起享用。
＊ 如有移動式小瓦斯爐，可即席食用，將起司和豬肋排一起上桌，邊加熱邊吃。

海鮮蔥餅

30 分鐘

▌材料（2張）

珠蔥・1把
＊約150克

魷魚・半尾

蝦仁・5～6尾
＊海鮮除了魷魚和蝦仁以
　外，還可以準備牡蠣肉、
　蛤蜊肉

紅辣椒・1根
＊裝飾用，斜切片備用

雞蛋・2顆

海鮮調味

蒜末・1小匙

黑胡椒粉・少許

麵糊材料

韓式煎餅粉・2/3杯

酥炸粉・1/3杯

冰水・1杯

雞蛋・1顆

醋醬

醬油・1大匙

醋・1大匙

水・1大匙

韓式辣椒粉・1小匙
＊可省略

糖・1小匙

▌作法

1　蔥洗淨後擦乾水分，對半切成長段。
＊　蔥的長度根據平底鍋大小調節，不超過鍋底直
　　徑，較粗厚的蔥白部分劃一刀切開，煎餅的口
　　感才會均勻。

2　蝦仁平切成兩片；魷魚切成長段，以廚房
　　紙巾充分吸乾水分備用。

3　蝦仁與魷魚以蒜泥和黑胡椒粉抓醃，靜置
　　5分鐘。

4　大盆中放入麵糊材料攪拌均勻至看不到結
　　塊。
＊　建議粉與冰水的比例為1：1，調製好的麵糊呈
　　可流動狀，若太濃稠可加冰水調整。
＊　酥炸粉以低筋麵粉等成分組成，可使煎餅脆度
　　提升，如沒有酥炸粉，也可僅使用煎餅粉，同
　　樣以粉水1：1的比例調製麵糊。
＊　使用冰水調製麵糊的煎餅口感會更酥脆。

5 平底鍋加入足量的食用油以中火加熱，抓取適量的蔥浸泡麵糊，沾裹上麵糊後撈出，在平底鍋上平鋪成四方形。

* 開始煎餅前一定要熱鍋，可滴少許麵糊測試，當麵糊滴下去時發出嗤嗤聲音並浮起來才算熱好鍋。

* 蔥鋪上平底鍋時，要均勻分散，可以使用湯匙或筷子將重疊的蔥輕輕撥開。

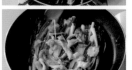

6 接著均勻放上準備好的海鮮，用湯匙舀少許麵糊，均勻澆在蔥餅上與邊緣，並填滿中間的空隙。

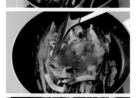

7 麵糊6～7分熟時，打一顆蛋在蔥餅上，以鏟子將蛋黃打碎讓蛋液均勻分布在蔥餅上，並放上一些紅辣椒片裝飾。

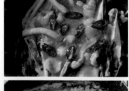

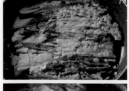

8 底部煎至金黃後翻面，繼續煎約1分鐘至海鮮也熟透，過程中如油不夠於周圍補充些許食用油，。

* 翻面後適度用鏟子壓一壓蔥餅、以及搖晃鍋子讓蔥餅轉動，能讓煎餅更均勻受熱、更香脆。

9 有蛋的那一面也煎至金黃後，再次翻面，調高一點火力再煎1分鐘左右盛起，與醋醬一起上桌享用。

* 吃的時候，建議用剪刀將煎餅剪成小塊，更方便食用。

파전

有蔥就能做的蔥餅，加上海鮮
則變成更豐盛的海鮮蔥餅。有
些作法是將雞蛋先打散成蛋液
再淋上蔥餅，我們家則是更喜
歡一整顆蛋直接打在煎餅上隨
興地將蛋黃弄散，最後的雞蛋
口感更加明顯美味！這時候再
來瓶韓國米酒馬格利，是極大
享受呢！

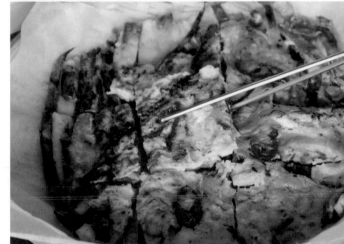

炒泡菜豆腐

25 ～ 30 分鐘

將冰箱裡面發酵較長時間變酸的泡菜拿出來，加入五花肉炒一炒，搖身一變成美味香辣的下飯菜，搭配香醇柔軟的豆腐一起吃，更加美味！這道料理同時也是適合搭配馬格利的下酒菜，是幾乎所有韓國人都喜歡的經典味道。

▋ 材料（2人份）

泡菜·300g
＊使用發酵較長時間帶酸的
　泡菜去炒，味道更佳！
豆腐·1塊
＊約300g
五花肉·150g
洋蔥·1/4顆
大蔥·1/3根
辣椒·1根

調味料

料理酒·1大匙
水·1/4杯
韓式辣椒粉·1大匙
醬油·1大匙
糖·1大匙
蒜末·1大匙
黑胡椒粉·少許
芝麻油·0.5大匙

▋ 作法

1 將五花肉切成3公分寬的一口大小。

2 大蔥、辣椒斜切片；洋蔥切絲；泡菜切一口大小備用。
＊ 切泡菜之前，將夾在泡菜間的內餡材料取出後再切合成適大小，這樣炒出來的料理口感更佳、看起來也更美觀。

3 鍋內加入1大匙食用油，將五花肉放入鍋中開始煎，肉上面均勻撒上黑胡椒粉，淋上1人匙料理酒去除豬肉的腥味。

4 五花肉炒至變色且油被逼出來時，加入1/4杯水以及泡菜，接著加入調味料韓式辣椒粉、醬油、糖、蒜末和少許黑胡椒粉，均勻翻炒。

5 炒至泡菜也變半透明時，加入洋蔥絲、大蔥和辣椒片再繼續翻炒至洋蔥變半透明，最後淋上芝麻油再翻拌一下完成泡菜炒五花肉。

6 起一鍋水加入少許鹽，水滾後放入豆腐汆燙約3～4分鐘後取出，切成約1.5公分厚的長方塊，與泡菜五花肉一起上桌享用。

馬鈴薯煎餅

25 分鐘

每次去韓國江原道必吃的馬鈴薯煎餅，在家也能輕鬆完成。馬鈴薯煎餅外皮微酥，內部柔軟Q彈。製作時，我通常不加其他材料，這樣可以吃到馬鈴薯淡雅香醇的純粹味道。這道簡單的煎餅可作為點心或是搭配馬格利的下酒小食，只要有馬鈴薯就能做，快來試試看！

▋ 材料（2人份）

馬鈴薯‧600g
鹽‧0.5小匙
水‧半杯

蘸醬
醬油‧2大匙
醋‧0.8大匙
水‧1大匙
糖‧0.2大匙
辣椒圈‧半根的量

▋ 作法

1 馬鈴薯洗淨削皮後，切成小塊。

2 馬鈴薯和水放入攪拌機，攪成泥末狀。
＊ 如喜歡口感帶有顆粒感的，攪拌時間縮短，馬鈴薯泥就不會變太細，攪的過程中如果感到卡卡的，可以適量增加水量。除了攪拌機，也可使用磨泥器。

3 攪拌好的馬鈴薯泥，以網篩過濾掉水分，過濾出來的水不丟備用。
＊ 過濾水分時，利用湯匙壓一壓馬鈴薯泥，幫助水分釋出。

4 靜置約5分鐘的馬鈴薯水，底部會有澱粉沉澱，將上面的水倒掉，底部澱粉刮下加入馬鈴薯泥。

5 馬鈴薯泥加入鹽0.5小匙混合均勻後，起一油鍋，將馬鈴薯泥鋪成小片圓狀，以中小火慢慢煎至金黃。
＊ 煎馬鈴薯煎餅時，油量要充分，過程中如沒有油的話，請適度加入油。

6 小碗中放入蘸醬材料混合均勻，與馬鈴薯煎餅一起上桌享用。

白菜煎餅

25 分鐘

簡單地將白菜沾麵糊後煎一煎的白菜煎餅，可說是一款相當陽春，但味道卻十分迷人的煎餅。白菜用刀背輕拍葉梗較硬的部位再用鹽醃漬，煎起來變得十分容易，沾一點麵糊油煎後，口味清甜柔軟，外皮則有一層薄薄香脆的麵衣，白菜煎餅有一股質樸的魅力，吃起來舒服順口，一片接著一片！

▌ 材料（1～2人份）

大白菜・6片
＊取較柔軟且大小適中的內葉
紅辣椒・1根
＊裝飾用
茼蒿・1小株
＊裝飾用
粗鹽・0.5小匙
＊醃漬白菜用

麵糊

韓式煎餅粉・3大匙
酥炸粉・3大匙
冰水・6大匙

蘸醬

醬油・3大匙
韓式辣椒粉・0.5大匙
蒜末・0.5大匙
料理糖漿・1大匙
＊或糖 0.5大匙
蔥末・1大匙
芝麻油・2小匙
白芝麻・少許

▌ 作法

1 白菜洗淨後，於葉梗部位直切短短的一刀，用刀背打幾下硬硬彎起來的部位，以利等下攤平白菜油煎。

2 每片白菜撒上一點點的鹽，尤其是葉梗硬的地方，鹽醃漬10分鐘後用水沖一下，輕輕用手擠掉水分瀝乾。

3 紅辣椒斜切片；茼蒿葉子洗淨後剪成短支，裝飾用。

4 小碗中放入所有蘸醬材料混合均勻備用。

5 大盆中放入所有麵糊材料，攪拌均勻至看不見粉塊。

＊ 調製好的麵糊呈可流動狀，若太濃稠可適度加冰水調整。

＊ 使用冰水攪拌時，我通常會再加入2顆小冰塊與麵糊一起攪拌（冰塊不用取出），如此麵糊會變得比平常煎餅的麵糊還要稀一點，適合用來製作白菜煎餅。

6 起一熱鍋，倒入充分的食用油，將白菜裹上薄薄一層麵糊後平鋪開來油煎。

7 放上茼蒿葉和紅辣椒片做裝飾，當底部煎至金黃後翻面。

＊ 煎餅時油量要充分，過程中如沒有油的話，請適度加入油。

＊ 喜歡餅皮感厚一點的朋友，煎的時候可以用湯匙淋一點麵糊上去。

8 以中小火將兩面煎至金黃焦香後，與蘸醬一起上桌享用。

＊ 吃的時候可以用剪刀剪成小塊，或是直接將白菜煎餅從尾端往上捲起來吃！白菜煎餅也可以蘸醋醬吃，醬油：醋：水以1：1：1的比例調製後蘸著吃。

綠豆煎餅

40 分鐘＋綠豆仁提前泡水 5 小時

▋ 材料（4人份）

綠豆仁・300g
泡菜・150g
綠豆芽・150g
豬絞肉・150g
紅綠辣椒・各1根
＊裝飾用
水・約170ml
鹽・0.8大匙
＊可增減

豬絞肉醃料
料理酒・1大匙
芝麻油・0.5大匙
蒜末・0.5大匙
大蔥末・4大匙
＊使用蔥白部位，大
　蔥也可用一般青蔥
　代替
鹽・少許
黑胡椒粉・少許

綠豆芽調味
鹽・少許
蒜末・少許
芝麻油・少許

泡菜調味
糖・少許
蒜末・少許
芝麻油・少許

洋蔥醋醬
洋蔥・半顆
醬油・3大匙
醋・3大匙
水・3大匙

▋ 作法

1 綠豆仁泡水5～8小時，泡發後的綠豆用手來回搓洗幾
　次，將綠豆皮沖掉，瀝乾水分備用。
＊綠豆皮大致去除即可，無法完全沖洗掉為正常，若使用已完全
　去皮的綠豆仁，沖洗步驟可省略。

2 豬絞肉加入豬絞肉醃料，用手抓醃後靜置10分鐘。

3 綠豆芽以滾水汆燙後，以冷水冷卻用手擠掉水分，切成
　2～3公分的碎段，並加入少許鹽、蒜末和芝麻油調味。

4 將泡菜的泡菜汁擠掉切成1~2公分碎塊，加少許糖、蒜
　末和芝麻油調味。

5 將瀝乾的綠豆仁放入攪拌機，加入水攪碎成稠狀。
＊不用攪拌得太細緻，帶點顆粒感的綠豆糊反而口感較好。
＊將綠豆仁放入攪拌機，水先放2/3左右，其餘1/3慢慢地加入。
　水量可自行調整，避免綠豆糊太稀，保持濃稠感為佳。

6 綠豆糊加入調味好的綠豆芽、泡菜和豬絞肉，將材料充
　分攪拌，加入約0.8大匙鹽調整鹹淡。

7 平底鍋加入足量食用油，熱鍋好後放入綠豆糊，用鏟子
　或湯匙做出圓形狀，上面放上辣椒片裝飾，將兩面煎至
　金黃香脆完成。
＊煎的過程中如油不夠，要適度加油。

8 製作洋蔥醋醬：半顆洋蔥切成一口大小，加入等比例醬
　油、醋和水完成蘸醬，與綠豆煎餅一起上桌。
＊洋蔥醋醬可提前製作，洋蔥的甜味才會進入醬汁，洋蔥也才更
　入味。

녹두전

每每到廣藏市場，不容錯過的經典美食就是綠豆煎餅。磨成泥狀的綠豆仁，加入豬絞肉和各種材料，以熱油煎製，香氣十足、外皮香脆，在家就可以複製這款美味，這時候來杯馬格利就更棒了！

辣炒小章魚烏龍麵

20 分鐘

這道炒烏龍麵作法快速又簡單，辣香的調味醬料是讓人上癮的味道，還有口感鮮脆的小章魚以及吸附滿滿醬汁的烏龍麵，整盤邊吃邊喊過癮的下酒菜就是這道了！覺得很辣的時候，快來喝一口冰涼的啤酒吧！

▋ 材料（2人份）

小章魚‧8條
＊約300g
烏龍麵‧2包
＊約450g
洋蔥‧半顆
大蔥‧1根
高麗菜‧75g
紅綠辣椒‧各1根
＊怕辣者，辣椒只用1根
紫蘇葉‧2～3張
＊裝飾，可省略
白芝麻‧少許

調味醬料

韓式辣椒醬‧2大匙
韓式辣椒粉‧3大匙
蒜末‧1大匙
料理酒‧2大匙
醬油‧2大匙
芝麻油‧1大匙
糖‧0.5大匙
料理糖漿‧1.5大匙
生薑末‧少許
黑胡椒粉‧少許

其他材料

麵粉‧3大匙

▋ 作法

1 處理好的小章魚，放入3大匙麵粉搓拌後用水清洗，水瀝乾備用。

2 洋蔥切粗絲；大蔥和辣椒斜切片；高麗菜切小塊；烏龍麵以滾水汆燙1分半撈起瀝乾備用；紫蘇葉切小片（或切細絲裝飾用）。

＊ 烏龍麵汆燙時，用筷子將結塊的麵條撥開。

3 碗中放入所有調味醬料材料混合均勻。

4 平底鍋中倒入1大匙食用油，放入洋蔥和一半的大蔥片炒香後，加入高麗菜炒至變軟。

5 接著放入小章魚和一半的調味料翻炒。

＊ 如太乾，加2～3大匙的水，方便拌炒。

6 當小章魚炒到半熟狀態時，放入烏龍麵以及另外一半的調味醬，繼續翻炒均勻。

＊ 調味醬建議不一次性全放，炒一炒後試吃味道，覺得不夠鹹再加調味醬，這樣的作法可以避免太鹹以調整出自己喜歡的味道。

7 最後加入辣椒片、大蔥片翻炒一下後，撒上白芝麻，放上紫蘇葉片完成上桌。

＊ 怕辣的人，辣椒省略或是份量減半；紫蘇葉可以切小片或是切細絲裝飾。

韓綜韓劇裡的美食，在家也吃得到

韓式古早味便當

黑豆泡水 3 ～ 4 小時 ＋ 60 分鐘

STORY

風靡全球的Netflix韓國影集《魷魚遊戲》，劇中出現的古早味便當也跟著紅至海外各地。黃通通的鋁製飯盒中鋪入白飯，再放上最基礎的幾樣小菜，是許多韓國人記憶中的味道。即使現代生活富裕，便當菜已變得更加豐富多樣，但這種古早味便當還是會讓人起懷舊之情，偶爾做來吃吃，別有一番滋味！

▌ 材料（2人份）

米飯 · 2碗
小魚乾 · 50g
堅果類 · 杏仁片10g、葵
花籽10g
大蒜 · 2瓣
＊切成蒜片
黑豆 · 100g
水 · 300ml
＊煮黑豆用
泡菜 · 200g
雞蛋 · 2顆
＊煎荷包蛋
午餐肉／海苔 · 適量
＊可省略

炒小魚乾調味
醬油 · 0.5大匙
＊可增減
糖 · 0.5大匙
料理酒 · 0.5大匙
料理糖漿 · 0.5大匙
白芝麻 · 0.2大匙

醬煮黑豆調味
醬油 · 2大匙
糖 · 1大匙
料理糖漿 · 1～2大匙
白芝麻 · 少許

泡菜調味
糖 · 少許
芝麻油 · 0.5大匙
白芝麻 · 少許

▌ 炒小魚乾作法

1 熱鍋後放入堅果，以小火炒香約1分鐘，盛起備用。
2 同個鍋放入小魚乾，以小火炒香脆約1～2分鐘，盛起備用。
＊ 小魚乾放在冰箱冷凍庫吸收了很多雜味，炒過後味道更乾淨。
3 鍋內放入1大匙油，放入蒜片炒香後放入小魚乾以中小火炒約2分鐘。
4 接著放入醬油、糖、料理酒、堅果繼續拌炒約1分鐘。
5 關火，放入料理糖漿、白芝麻，用餘熱拌炒30秒完成。
＊ 炒小魚乾可參考第147頁作法，可直接使用該食譜作為此古早味便當的配菜。

▌ 醬煮黑豆作法

1 洗淨的黑豆泡水3～4小時，將泡發後的黑豆放入鍋中，加入水300ml用大火煮。
2 水煮滾後轉小火繼續煮20分鐘，當水剩下一杯的量時，加入醬油、糖一起燉煮10分鐘左右。
＊ 煮的期間要時常攪拌，避免黏鍋和燒焦。
3 當醬汁大致收乾，加入料理糖漿稍作攪拌，撒上少許白芝麻完成。

▌ 炒泡菜作法

1 泡菜切成合適的一口大小。
2 平底鍋加入少許食用油，放入泡菜炒一炒。
3 接著放入1小撮糖、0.5大匙芝麻油再繼續翻炒，最後撒上些許白芝麻完成備用。

▌ 裝便當

便當盒底部鋪上白飯，依序放上各款小菜和煎荷包蛋即完成。除了炒小魚乾、炒泡菜和醬煮黑豆，也可以放煎午餐肉、小熱狗及海苔等配菜，又更加豐盛了。

＊ 吃的時候，可以單純邊吃飯邊配小菜，也可以用湯匙將所有配菜與飯拌勻後，像拌飯一樣吃；或是將蓋子蓋上，用力搖一搖飯盒，讓飯與小菜充分混合，這種「搖一搖」再吃也是相當受歡迎的吃法唷！

姜食堂泡菜炒飯

20～25分鐘

這道泡菜炒飯是在《姜食堂2》中PO所負責的人氣菜單，同時也是名廚白種元老師所開發的食譜。每個韓國人都再熟悉不過的泡菜炒飯，裡面豪華地加入起司，每一口都能品嘗到牽絲起司香醇味，與泡菜炒飯的香辣滋味完美地融合在一起！

▋ 材料（1人份）

白飯‧1人份
＊約200g

泡菜‧90g

大蔥‧1/3根
＊或以一般青蔥代替

莫札瑞拉起司‧50g

玉米罐頭‧適量

海苔‧適量
＊可以直接使用海苔酥，或是將海苔剪碎

白芝麻‧少許

調味料

黃砂糖‧1小匙
＊一般白砂糖亦可

醬油‧1大匙

韓式辣椒粉‧1大匙

▋ 作法

1　大蔥切蔥花；泡菜切成一口大小。

2　鍋內放入1大匙食用油，放入蔥花煸出蔥油香氣後，放入泡菜一起炒一炒。

3　當泡菜也炒香後，於鍋的周圍淋上醬油、放入糖炒一炒，接著放入辣椒粉再翻炒均勻。

＊注意火候控制，避免辣椒粉燒焦。

4　大盆中放入熱白飯，將翻炒均勻的調味泡菜倒入盆中，用飯勺翻拌均勻。

＊也可以將白飯直接加入鍋內一起翻炒，但此方法較費力，且火候控制不好，易造成燒焦的情況。

5　將拌好的泡菜與飯放回鍋內平鋪開來，用鏟子壓平泡菜炒飯後放上起司。

6　蓋上蓋子以小火燜至起司融化，同時底部米飯產生焦感。

7　準備一個大盤子，將泡菜炒飯盛入盤子的過程自然地對折一半，旁邊佐上適量的玉米和海苔，飯上面撒點白芝麻完成。

白切肉佐蜂蜜檸檬蒜泥

<u>50 分鐘</u>

STORY

淋上蒜泥的白切肉，旁邊配上涼拌春白菜，是韓綜《尹STAY》的冬季人氣菜單。五花肉和各種辛香料一起水煮，吃起來無腥味又不油膩；蒜泥加入蜂蜜、檸檬汁及少許的鹽，鹹鹹甜甜的味道和肉香完美結合；此時，再來一口清爽的涼拌生菜，成為滿足所有人味蕾的迷人料理。

▌ 材料（2人份）

水煮五花肉

五花肉・700g
＊厚度約3.5～5公分的
　整條五花肉

辛香材料

水・1.5L
韓式大醬・2大匙
料理酒・3大匙
大蒜・5～7瓣
洋蔥・半顆
薑・1小塊
＊約15g
大蔥・1根
黑胡椒粒・0.5大匙
月桂葉・4片
＊可省略
桂皮・1～2塊
＊可省略

蜂蜜檸檬蒜泥

蒜末・6大匙
食用油・1.5大匙
鹽・0.5小匙
蜂蜜・3大匙
檸檬汁・0.5～1大匙

韓式風味生菜沙拉

生菜・100g
洋蔥・半顆

沙拉醬汁

韓式辣椒粉・1大匙
蒜末・0.5大匙
醬油・1大匙
糖・0.5大匙
料理糖漿・1大匙
醋・1大匙
白芝麻・0.5大匙

▌ 作法

a 水煮五花肉

1 鍋內放入水和所有辛香材料，水煮滾後放入五花肉。
2 以大火煮20分鐘，接著轉中火再煮20分鐘，關火前以筷子戳入五花肉最厚的部位，沒有出血水且肉質柔軟代表已熟透。
3 煮好的五花肉，切成約0.5公分厚的肉片。

b 蜂蜜檸檬蒜泥

1 蒜末放入鍋內，加入食用油炒約2～3分鐘，盛起備用。
2 擠一點新鮮檸檬汁約0.5大匙的量備用。
＊ 喜歡酸一點的1大匙。
3 蒜泥加入蜂蜜、鹽、檸檬汁，拌一拌後完成。

c 韓式風味生菜沙拉

1 生菜洗淨後瀝乾，切小塊；洋蔥切絲。
2 將所有沙拉醬汁材料混合拌勻。
3 將生菜、洋蔥絲與醬汁拌一拌。
＊ 醬汁可慢慢分次加入，調整成喜好的鹹淡。

d 擺盤

將白切肉整齊擺盤後，淋上蜂蜜檸檬蒜泥，旁邊配上生菜沙拉，撒上蔥花裝飾後上桌！

辣椒醬麵疙瘩湯

45 分鐘

韓綜《一日三餐》的常客：麵疙瘩，適合在溼冷下雨的日子來上一碗！以韓式辣椒醬調製出來的湯頭，甜辣醇厚，搭配柔軟有咬勁的麵疙瘩，是在《機智的山村生活》裡，讓人暖胃又暖心的樸實料理。

█ 材料（2～3人份）

麵疙瘩材料
中筋麵粉・200g
水・100ml
鹽・1/4小匙

配料與調味
櫛瓜・半根
馬鈴薯・2～3顆
洋蔥・半顆
大蔥・1根
韓式辣椒醬・2.5大匙
韓式大醬・1大匙
蒜末・1大匙
韓式辣椒粉・0.5大匙
＊可省略
醬油・0.5大匙
＊可增減
鹽・0.5小匙
＊可增減

高湯材料
高湯用鯷魚乾・12～15個
昆布・5×5公分2張
水・1.3L

█ 作法

1 大盆中倒入中筋麵粉、均勻混入1/4小匙鹽，接著倒入約一半的水量輕拌，水與麵團逐漸成塊後，慢慢倒入剩下的水量，用手擀揉麵團至平順。

＊ 水量根據麵團成形狀況慢慢加入，揉拌的過程中，感覺還有粉末就混入一點水，直到形成平滑的麵團。

2 麵團以保鮮膜包起來，靜置30分鐘。

3 大鍋中放入水以及去除內臟的鯷魚乾、昆布，以大火煮滾，接著轉中小火煮5分鐘後將昆布撈出，繼續煮15～20分鐘，最後將所有材料撈出完成鯷魚昆布高湯。

4 櫛瓜切半月片；洋蔥切絲；馬鈴薯切半月形；大蔥斜切片。

5 煮好的高湯（約有800ml）放入辣椒醬、大醬、馬鈴薯，以大火滾煮，接著放入櫛瓜、洋蔥與麵疙瘩，轉中火繼續煮。

＊ 麵團一邊拉薄一邊撕成一口大小的小塊麵疙瘩，放入湯裡煮。

6 湯煮滾至麵疙瘩也熟透後放入蒜末，並以醬油和鹽調整鹹淡，最後加入蔥斜切片煮1分鐘完成。

＊ 想要湯頭更辣爽，加入約0.5大匙的韓式辣椒粉；起鍋前試吃湯頭，可以根據個人口味增減醬油和鹽的量。

五花肉紫菜包飯

25 分鐘

STORY

韓綜《姜食堂》中由李壽根負責的五花肉紫菜包飯，還沒正式開張前就擄獲所有組員的心。烤好的五花肉用生菜和酸甜的醃漬蘿蔔片包起來，中間還夾了辣椒，辣椒內則填入了包飯醬，這樣的組合等於是將韓式菜包肉吃法變成紫菜包飯，不可能不好吃呀！

▌ 材料（2條）

白飯・300g
紫菜包飯用海苔・2張
五花肉・4片
＊每片五花肉厚度不超過1公分
生菜・4張
紫蘇葉・4張
辣椒・2根
紅蘿蔔・約60g
醃漬蘿蔔片・6張
＊作法詳見第179頁
包飯醬・30克

米飯調味料
鹽・0.5小匙
白芝麻・1小匙
芝麻油・1小匙

其他調味料
鹽・少許
黑胡椒粉・少許

▌ 作法

1 將煮好的米飯趁熱加入米飯調味料，用飯勺輕輕攪拌均勻，飯放涼備用。
＊飯趁熱的時候加入調味料更入味。

2 辣椒對切後去籽；紅蘿蔔切細絲備用。

3 平底鍋放入1小匙油，加入紅蘿蔔絲與0.2小匙鹽，用中火翻炒約2分鐘至變軟盛起備用。

4 同個平底鍋熱鍋後，放入五花肉將兩面煎熟，用些許黑胡椒粉和鹽調味。
＊由於之後會加入包飯醬，所以五花肉僅用少量的黑胡椒和鹽調味即可。
＊五花肉煎之前，先切成與海苔同等的長度。

5 海苔粗糙那面鋪上薄薄的一層飯，上方留一點空間不鋪飯。

6 飯的中間位置依序放上準備的材料：生菜2張>紫蘇葉2張>醃蘿蔔片3張>五花肉片2片>辣椒一條（切半的辣椒內抹上包飯醬，將對半的辣椒連接起來與海苔同長）>紅蘿蔔絲，將所有材料捲起。
＊抹上包飯醬的辣椒翻面朝下，捲的時候才不容易將包飯醬沾得到處都是。

7 完成的飯卷表面塗上少許芝麻油，切成1公分大小完成。另一條飯卷重複5〜7作法完成。

辣炒魷魚五花肉

35 〜 40 分鐘

這道辣炒魷魚五花肉是韓國綜藝節目的常客,鮮美有嚼勁的魷魚和柔軟多汁的五花肉,以特調醬料醃製後快速翻炒,是香噴噴讓人口水直流的海陸組合,可以用生菜包著吃或是搭配白飯,相信我一碗飯可能不夠!

▌ 材料(4人份)

魷魚．2尾
五花肉．400g
洋蔥．半顆
大蔥．半根
紅綠辣椒．各1根
紫蘇葉．5張
＊可省略

調味料

韓式辣椒粉．3大匙
韓式辣椒醬．3.5大匙
料理酒．4人匙
料理糖漿．2大匙
醬油．3大匙
蒜末．1.5大匙
糖．1.5大匙
薑末．0.8大匙
芝麻油．1大匙
黑胡椒粉．少許

▌ 作法

1　將處理好的魷魚切成約1.5公分寬方便入口的長條備用。
2　將五化肉切成約1公分厚的一口大小。
3　洋蔥切粗絲;大蔥斜切片;辣椒斜切片;紫蘇葉切小片(或切絲裝飾用)。
4　大盆中放入所有調味料材料攪拌均勻。
5　豬肉與魷魚分兩個碗,各放入一半的調味料,用手揉拌均勻後醃20分鐘。
6　起一熱鍋,先將五花肉放下去用大火炒。
7　五花肉炒熟後,放入魷魚、洋蔥、大蔥再快速翻炒。
＊　五花肉與魷魚炒熟需要的時間不一樣,而魷魚炒太久會失去口感,因此等五花肉熟了之後再放入魷魚快速翻炒,熟了即盛盤,不要炒太久。
8　魷魚熟了後,最後放入辣椒翻炒一下,撒點白芝麻完成。
＊　紫蘇葉香氣特殊,切小片混入辣炒魷魚五花肉一起吃別有風味,或是切細絲作為裝飾。

綠豆芽鯷魚高湯麵

45 分鐘

STORY

這款以鯷魚高湯作為基底的湯麵，放上滿滿的綠豆芽配菜，清脆的口感與蔬菜香氣讓這碗麵吃起來格外順口舒服，淋上特製醬汁，鹹香滋味與湯汁自然融合，在節目中收服了機智醫生們的味蕾！

▌材料（2人份）

白細麵・2人份
綠豆芽・300g
紅蘿蔔・1/4根
櫛瓜・1/3根

鯷魚高湯材料

高湯用鯷魚乾・
12～15條
洋蔥・半顆
白蘿蔔・100g
大蔥・1根
昆布・5×5公分2張
水・1.5L
＊另外也可加入乾香
菇、蝦乾一起熬煮高
湯，增加湯頭的風味

高湯調味料

料理酒・0.5大匙
湯醬油・1大匙
＊可增減
鹽・少許
＊可增減

淋醬

青蔥末・3大匙
辣椒末・1大匙
醬油・3大匙
糖・0.2大匙
韓式辣椒粉・1大匙
白芝麻・1大匙
＊搗磨後使用更香
芝麻油・1大匙

▌作法

1　鍋內加入所有鯷魚高湯材料，先用大火煮滾後轉小火煮5分鐘，接著將昆布撈出繼續煮15～20分鐘，最後將所有材料撈出，放入高湯調味料，鯷魚高湯完成備用。

＊煮高湯之前鯷魚先去除內臟，用中小火乾炒1～2分鐘能去除腥味。

＊高湯材料洋蔥及白蘿蔔先切大塊，大蔥切段後再放入水中熬煮。

2　櫛瓜、紅蘿蔔切絲。

3　平底鍋放一點油，將櫛瓜絲與紅蘿蔔絲分別炒至變軟，均勻撒上少許鹽調味。

4　綠豆芽洗淨後以滾水汆燙約20秒，撈出放涼。

5　小碗中加入淋醬的所有材料混合均勻。

6　起一鍋滾水，按照包裝指示時間煮麵，煮好的麵撈出以冷水來回搓洗幾次，洗去表面的澱粉質後將水擠掉瀝乾。

7　將麵條放進碗裡，澆上3～4大勺熱騰騰的高湯後，隨即把高湯倒回高湯鍋裡。接著在麵條上放上適量的綠豆芽、櫛瓜絲、紅蘿蔔絲，再倒入高湯，放上一勺調味醬料完成。

＊紅蘿蔔絲等配菜根據個人喜好調整份量，淋醬用量也根據喜好鹹淡調整。

＊熱湯澆麵再倒回高湯鍋的這個動作，可讓冷卻的麵條重新恢復熱度，從裡到外都熱騰騰地享用整碗湯麵。

223

杏鮑菇牛肉串

45 分鐘

▌ 材料（6串）

牛肉・280g
杏鮑菇・3～4個
雞蛋・2顆
＊打成蛋液
韓式煎餅粉・40g
鹽・少許
＊醃杏鮑菇使用
竹籤・6支

牛肉調味料

醬油・2大匙
水・2大匙
糖・1大匙
梨子泥・1.5大匙
洋蔥泥・0.5大匙
蔥末・0.5大匙
蒜末・0.5大匙
黑胡椒粉・少許

大醬涼拌韭菜

韭菜・50g
紅辣椒・1根
＊去籽切絲，可省略

韭菜調味醬汁

韓式大醬・1大匙
水・1大匙
檸檬汁・2小匙
芝麻油・0.5大匙
橄欖油・1大匙
料理糖漿・1大匙
糖・1小匙
鹽・1小撮
白芝麻・0.5小匙

▌ 作法

1 牛肉用廚房紙巾按壓去除血水，杏鮑菇切掉菇頭，將牛肉與杏鮑菇都切成0.5公分厚、約8～10公分長的長條。
2 小碗中放入所有牛肉調味料材料混合均勻。
3 將牛肉放入調味料中抓醃，靜置20分鐘；杏鮑菇均勻撒一點鹽，靜置20分鐘。
4 用竹籤將牛肉和杏鮑菇交錯串起，每支各串5條。
5 將杏鮑菇牛肉串表面均勻沾覆薄薄一層煎餅粉，再沾覆蛋液放到鍋上用小火油煎，將兩面慢慢煎至金黃熟透。
6 韭菜洗淨切4～5公分小段，涼拌韭菜的所有調味材料混合均勻，將韭菜、辣椒絲淋上幾匙調味醬汁拌一拌。
7 將煎好的串盛起，取掉竹籤，切掉兩邊不平整的邊邊，與大醬涼拌韭菜一起盛盤上桌。

육산적

《尹 STAY》的冬季菜單육산적（散炙），將牛肉和杏鮑菇切成等長的條狀一條條串起，牛肉以特製醬汁先醃過，變得更有滋味、口感柔軟多汁。串好的食材沾上麵粉與蛋液後以慢火油煎，香噴噴又精緻的料理做起來確實需要點心力，但裡面蘊含了料理人的誠意，一口吃下去的美味更是讓人覺得辛苦都是值得的！

番茄蔬菜咖哩飯

40 分鐘

STORY

韓劇機智醫生裡的張冬天醫生來到了《機智的山村生活》當嘉賓，端出了讓所有人驚嘆的咖哩飯。加入番茄以及各種蔬菜的咖哩，比平時我們熟悉的味道多了一份酸甜滋味，多樣蔬菜的豐富口感和咖哩濃郁香氣緊密融合在一起，在家試做一次後，成為我們家想吃咖哩飯時的首選食譜呢！

▌ 材料（4人份）

番茄 · 2.5顆
＊可增減，喜歡酸一點可以使用到3顆

洋蔥 · 1顆

紅蘿蔔 · 半根
＊約150g

花椰菜 · 1株
＊約100g

櫛瓜 · 半根
＊約150g

茄子 · 1根

秀珍菇 · 1株
＊約100g

蒜末 · 1大匙

咖哩粉 · 80g

黑胡椒粉 · 少許

番茄醬 · 1大匙
＊可增減，喜歡更酸酸甜甜的話多加一點

水 · 250ml

其他材料

白飯 / 煎荷包蛋 / 羅勒香料
＊或新鮮羅勒葉

▌ 作法

1　洋蔥、紅蘿蔔、花椰菜、櫛瓜、茄子、秀珍菇都切成一口大小。

2　每顆番茄都切成四等分。

3　鍋內倒入2大匙的橄欖油（或一般食用油），放入洋蔥、紅蘿蔔、櫛瓜炒一炒，炒至洋蔥變透明，加入一點黑胡椒粉調味。

4　放入番茄炒至番茄出水，再放入花椰菜和蒜末翻炒1分鐘左右。

5　接著加入茄子、秀珍菇和80ml的水繼續翻炒。

6　期間將80g咖哩粉與70ml的水先攪拌均勻，當蔬菜都煮透的時候倒入鍋內一起煮。

＊　節目中是混合使用兩種口味的咖哩粉，一種為一般香醇口味，一種為辣味的，本食譜兩種咖哩粉比例為1：1。可以選用個人喜歡的咖哩粉或咖哩塊，根據不同品牌的咖哩口味，咖哩用量請自行調整。

7　轉中小火慢慢燉煮，加入1大匙番茄醬，適量的水（約100ml）慢慢收汁到喜歡的濃度後，撒上少許羅勒粉完成，盤中盛入一碗白飯，淋上咖哩，搭配一顆煎荷包蛋享用。

＊　將咖哩先用水攪和開來方便調整濃度，由於整鍋蔬菜和番茄經過加熱會大量出水，因此建議咖哩與水調和成類似濃漿般較為稠的質感，加到鍋內後先與蔬菜整鍋進行翻炒之後再加水調整濃稠度，100ml的水僅為參考量，請根據烹煮時的情況微調。

麥煎餅卷

40 分鐘

《尹STAY》的冬季菜單，多彩麵皮將各種顏色的蔬菜捲起，繽紛的擺盤一上桌，精緻得連客人都捨不得吃呢！Q彈有韌性的麵皮和香脆的蔬菜一口吃下，口感豐富、滋味清甜可口！

▋ 材料（約10卷）

麵粉＋蕎麥粉．1/3杯，共2杯
＊每一個1/3杯都是以（中筋）麵粉與蕎麥粉以3：1的比例混合的，因為要調製兩種不同顏色餅皮，因此各準備1/3杯粉對應1/3杯水。如沒有蕎麥粉，也可以全部都使用麵粉。

水．1/3杯，共2杯
洋蔥．半顆
紅蘿蔔．半根
黃紅彩椒．各半個
杏鮑菇．1根
鹽．少量

芥末醋醬
黃芥末醬．0.5大匙
醋．0.5大匙
料理糖漿．1大匙
鹽．少許

韭菜汁
韭菜．35g
水．70ml

黃椒汁
黃彩椒．55g
水．70ml

▋ 作法

1 準備蔬菜汁（染色用）：將韭菜和水用攪拌機打勻後，用濾網過篩只取汁液。黃彩椒和水用攪拌機打勻後，用濾網過篩只取汁液。黃色與綠色的蔬菜汁完成備用。

2 洋蔥切細絲；紅蘿蔔、彩椒、杏鮑菇切細條備用。

3 鍋裡放一點油，放入洋蔥並加一小撮鹽調味，炒好後盛起。其他蔬菜也按同樣方式分別清炒。

4 將1/3杯的粉和1/3杯的水混合均勻，加1.5～2大匙的韭菜汁和一小撮鹽，攪拌均勻；另外1/3杯的粉也和1/3杯的水混合後，加入2大匙的黃椒汁以及一小撮鹽，攪拌均勻。

5 鍋內加入一點食用油（以廚房紙巾將油抹勻鍋面）後，將一大湯勺的麵糊鋪成薄薄一層圓餅，小火單面熟了之後翻面，將兩面都煎熟後盛起放涼。

＊ 可使用煎荷包蛋的圓盤平底鍋來煎餅皮，形狀會更為好看。

6 將每片薄餅上放上適量的清炒蔬菜，捲起後對半切。

7 餅卷擺盤後，將芥末醋醬的所有材料混合均勻，用湯匙點綴餐盤。

＊ 最後可撒上松子碎粒裝飾。
＊ 剩餘的天然色素汁放冰箱保存。

天然彩色餅卷

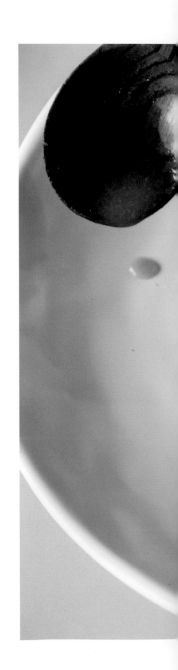

節目裡的黃色是使用南瓜粉，沒有南瓜粉也可以使用蒸好的一小塊南瓜，加水打成汁後過濾取汁。使用南瓜（粉）的黃色會較為鮮明，是更為亮麗的黃色。但本食譜就不另外使用南瓜，而是用材料中已有的黃色彩椒，在備料上更為省力。

如有天然蔬菜色素粉，也可以直接使用，混入麵粉一起做成麵糊即可。想要餅皮顏色更深的話，可以多加一點韭菜汁和黃椒汁，最終麵糊應為可流動的稠度，如太稀加一點麵粉調整，太稠則多加點水。

跟得上潮流的　韓風小食

麻藥飯卷

30 分鐘

麻藥飯卷是韓國受歡迎的街頭小吃，提到這款飯卷，不能不提到它的特製蘸醬，加入黃芥末的醋醬，酸甜中帶點麻辣，一口即可完食的迷你飯卷只要蘸一點這種醬汁，滋味無窮好吃得讓人上癮，不自覺地一口接著一口，也因此有了「麻藥飯卷」的稱號。

▌材料（約20小條）

白飯‧600g
紫菜包飯用海苔‧5大張
＊每張剪4等分，共20小張

紅蘿蔔‧1根
醃黃蘿蔔‧6～7條
韓式魚板‧3～4張
＊約240g

雞蛋‧3顆
紫蘇葉‧10張
＊可省略

米飯調味
鹽‧1小匙
白芝麻‧2小匙
芝麻油‧2小匙

魚板調味
醬油‧1大匙
糖‧1大匙
料理酒‧0.5大匙

黃芥末蘸醬
醬油‧1大匙
醋‧1大匙
水‧1大匙
糖‧0.5大匙
黃芥末醬‧2/3大匙

▌作法

1 將煮好的米飯趁熱加入米飯調味料，用飯勺輕輕攪拌均勻，飯放涼備用。
＊ 飯趁熱的時候加入調味料更入味。

2 紅蘿蔔切細絲；魚板切細絲；醃黃蘿蔔長條對半切，再切細條。
＊ 醃黃蘿蔔對半切短後再切4等分細條，即一長條可切成8條短細條。

3 平底鍋放入1小匙油，加入紅蘿蔔絲與0.2小匙鹽，用中火翻炒約2分鐘至變軟盛起備用。

4 同個平底鍋放入1大匙油，加入魚板調味料攪勻加熱，開始冒泡後加入魚板絲，翻炒均勻至收汁盛起備用。

5 雞蛋打勻後加一小撮鹽調味，放入平底鍋煎成雞蛋皮，取出放涼後切成雞蛋絲。
＊ 雞蛋絲長度參考海苔長度。

6 小張海苔粗糙那面朝上，鋪上薄薄的一層飯，海苔上方留一點空間不鋪飯，將適量材料依序放上後捲起。
＊ 如欲加入紫蘇葉，於海苔上先放置半片紫蘇葉再鋪飯。
＊ 每條飯卷約可放少量紅蘿蔔絲、魚板絲2條、醃黃蘿蔔細條2～3條、雞蛋絲2條，根據飯量和飯卷大小，用量可自行調節。
＊ 建議材料擺放超過海苔的兩端，捲起來比較好看，會有自然的垂感。

7 完成的飯卷表面刷上些許芝麻油、撒上白芝麻完成飯卷。

8 調製芥末蘸醬，與飯卷一起上桌享用。

EGGDROP 培根起司滑蛋三明治

20 分鐘

STORY

風靡韓國大街小巷的eggdrop三明治，是大份量滑嫩炒蛋與
其他材料的完美組合，有些人說每天吃一個也不會膩！這麼
好吃的味道也可以在家裡複製唷，偶爾給自己準備一款這樣
的三明治當早餐，絕對是開啟美好早晨的幸福方程式！

▌ 材料（2份）

厚吐司・2片
＊或4片一般吐司・2片一份

培根・3片

切達起司片・2片

奶油・20g

歐芹粉・少許
＊裝飾用，可省略

滑嫩炒蛋

雞蛋・4顆

牛奶・3大匙

鹽・少許

奶油・1小塊
＊煎蛋用

甜辣醬

美乃滋・1大匙

是拉差辣椒醬・1大匙

煉乳・1大匙

美乃滋煉乳醬

美乃滋・2大匙

煉乳・1.5大匙

▌ 作法

1　整條土司先切約4.5公分的厚片，再對半切個開口但不切到底（切
　　至離底部1/3的深度），共準備兩份開口厚片吐司。
＊　沒有整條（厚）土司的話，用一般吐司也可以，每2片做成一份。

2　平底鍋放入20g奶油，融化後放上吐司，將兩面煎至金黃。

3　同個平底鍋放入一點奶油，將培根煎至金黃盛起，對半切共切成
　　六片短培根備用。

4　調製甜辣醬和美乃滋煉乳醬，按照食譜比例分別混合均勻。

5　將4顆蛋打勻，加入牛奶和少許鹽攪拌均勻，準備製作滑嫩炒蛋。

6　平底鍋放入一小塊奶油，當奶油開始融化後，放入蛋液，以
　　（中）小火慢慢加熱，當開始凝固後，用鏟子輕輕從四周往中心
　　推，推個幾次讓蛋液集中凝固成厚塊，將蛋塊分成兩份。
＊　火候控制很重要，一開始加熱用中小火，當開始凝固後轉小火，慢慢推
　　進，做成整大塊軟嫩溼潤的質感。
＊　太頻繁翻炒反而會過熟或是變成炒蛋，應該想像成只是把蛋往中間推成一
　　大塊，當覺得熟太快甚至可以關火用餘溫加熱。

7　吐司打開，一邊抹上甜辣醬、一邊抹上美乃滋煉乳醬。

8　接著在其中一邊吐司上面放上1片起司片和3片短培根，再接著放
　　入一份滑嫩炒蛋，最後淋上些許美乃滋煉乳醬，撒上歐芹粉裝飾
　　完成。
＊　準備一個小袋子，將適量美乃滋煉乳醬全部集中到一角緊緊地綁起來，角
　　尖端切一個小口，就可以擠出細條淋上吐司。

香腸年糕串

25 分鐘

經過吃貨主持人李英子的介紹,這款在韓國高速公路休息站隨處可見的韓式小吃又再度爆紅,如今不只休息站,幾乎到處都可以買到,作法相當簡單,作為下午茶點心或宵夜美食再適合不過了!

▌ 材料(5串)

維也納小香腸・15個

＊可用德式香腸、小熱狗替代,如較長可自行切成與年糕同等長度

韓式年糕・15個

竹籤・5支

調味醬汁

番茄醬・2大匙

糖・2大匙

料理糖漿・1大匙

醬油・1大匙

韓式辣椒醬・1大匙

蒜末・1大匙

水・4大匙

＊如喜歡吃辣一點的,可以另外加入韓式辣椒粉1大匙或韓式辣雞醬0.5大匙

裝飾

碎堅果・適量

歐芹粉・適量

▌ 作法

1 將解凍年糕於滾水中汆燙約1分鐘撈起用冷水沖過,瀝乾水分備用。

2 小香腸劃幾刀備用。

＊小香腸煎之前劃幾刀,煎的時候才不會裂開、保持形狀。

3 年糕、香腸以竹籤依序交叉串起。

4 小鍋中放入調味醬汁所有材料,一邊加熱一邊攪拌,醬汁煮至冒泡收汁即可關火。

5 平底鍋放入2大匙食用油,放上香腸年糕串將兩面煎至金黃。

6 接著,將兩面均勻刷上醬汁,以中大火加熱收汁完成。

＊小香腸本身已有鹹度,醬汁適量刷上,以免過鹹唷!

7 最後撒些堅果和歐芹粉裝飾完成。

炸海苔脆片

半天

부각（炸片）是將蔬菜與海藻類等食材處理成方便吃的大小後，抹上糯米糊晾乾再油炸的韓國傳統油炸飲食之一。除了海苔外，常見用來做炸片的食材還有紫蘇葉、蓮藕、馬鈴薯、番薯、辣椒、昆布、海帶等。傳統上作法是在陽光充足、天氣好的早上，利用自然晾乾的方式製作，現代人家裡則多使用食物乾燥機烘乾食材再進行油炸！

▋ 材料

紫菜包飯用海苔・13～14張
糯米粉・半杯
＊約65g
水・1.5杯
鹽・1小撮
白芝麻・適量
食用油・適量

▋ 作法

1 糯米粉倒入小鍋中，先放入一半的水量充分攪拌至看不見粉塊後，加入剩下的水用中小火邊攪拌邊煮，煮至開始變黏稠後轉小火，繼續邊攪邊煮至濃稠（但依然可流動的稠度），放涼備用。

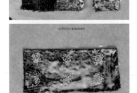

2 海苔粗糙那面朝上，用刷子刷上半邊的糯米糊，將海苔對折後，再刷上適量的糯米糊。

3 以白芝麻點綴海苔，可以如圖集中點綴成六小塊，或是均勻撒上白芝麻。

4 將海苔平鋪於盤子上，於通風良好有陽光射入的地方，自然烘乾1～2天，或是使用食物乾燥機，設定攝氏50度4小時。
＊ 經過徹底烘乾的海苔應是硬硬脆脆的質感。
＊ 採自然烘乾的話，記得翻面1～2次，讓正反兩面均勻烘乾。

5 將海苔剪成方便吃的6等分小片。

6 起一鍋油，燒熱至約攝氏170度後放入一張張的海苔片，當表層糯米糊變白色、海苔浮上來即可以撈出，瀝乾油分完成。
＊ 溫度不宜太高，海苔片很容易炸焦，可以先放一片海苔片測試，放入後應該是慢慢浮起。此外，當米糊變色且浮上來後，差不多就可以撈出來了，不用炸太久唷！

雞蛋沙拉堡

25 分鐘

STORY

在韓國的連鎖烘焙麵包店，這款雞蛋沙拉堡是相當常見的早餐選擇，或是野餐郊遊時，韓國人喜歡做這款散發濃濃蛋香、滋味香醇、口感滑順的小點心，作法簡單又令人滿足，非常值得試試！

▌材料（4～5個）

餐包·4～5個
＊根據餐包大小可做的數量有所增減
雞蛋·6顆
美乃滋·6～7大匙
美式黃芥末醬·0.5大匙
糖·0.5小匙
鹽/黑胡椒粉·少許
歐芹粉·少許
＊裝飾用，可省略

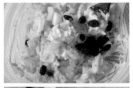

▌作法

1 常溫雞蛋放入鍋中，倒入足夠可覆蓋住雞蛋的水，加入1小匙鹽及1小匙醋以大火煮滾，水滾後轉中火續煮約12分鐘。

2 煮好的雞蛋放入冷水中冷卻，剝殼後將蛋白蛋黃分開，蛋白用刀切碎塊，蛋黃以叉子壓碎。

3 蛋白和蛋黃放入大盆中，加入美乃滋、黃芥末醬、糖和少許鹽、黑胡椒粉，輕拌均勻完成雞蛋沙拉。

4 餐包切半（不切到底），放入飽滿的雞蛋沙拉，表面撒少許歐芹粉裝飾完成。

▌進階版口味

曾在首爾的一間麵包店吃了一款特殊的手作雞蛋沙拉堡，吃過後從此念念不忘並試著複製相同的美味。原來老闆在雞蛋沙拉裡加入了碎蘋果、酸黃瓜和少許葡萄乾，蛋沙拉的香醇中增添了些許酸甜及蘋果清香，麵包間更夾入萵苣生菜，口感更清脆爽口了，每一口的滋味是如此豐富又平衡，成為我們家日常的早餐選擇！

▌增加材料

結球萵苣·2大片
葡萄乾·20g
蘋果·1/4顆
酸黃瓜·20g
＊酸黃瓜使用市售美式酸黃瓜即可

▌作法

1 將蘋果、酸黃瓜切碎塊，與葡萄乾一起加入作法3中調製好的雞蛋沙拉，均勻拌一拌。

2 接著，切好的餐包上下各夾入一片萵苣生菜，再放入雞蛋沙拉完成。

韓式摺疊飯糰

15 ～ 20 分鐘

曾經風靡韓網的摺疊飯糰，快速、簡單又美味，也曾出現在韓劇《非常律師禹英禑》中，好友董格拉米做的簡易版摺疊飯糰，雖然只有米飯、泡菜和煎蛋，但還是讓女主角滿意地點點頭。任何喜歡的材料都可以嘗試做成摺疊飯糰喔！本食譜算是董格拉米飯糰的豪華版，除了泡菜和煎蛋，還加入了午餐肉、起司與生菜，絕對是令人滿意的韓味組合。

▌材料 (1份)

白飯・70〜80g
紫菜包飯用海苔・1張
泡菜・70g
午餐肉・2片
雞蛋・1顆
起司片・1片
生菜or紫蘇葉・2張

米飯調味
鹽・0.1小匙
白芝麻・0.3小匙
芝麻油・0.3小匙

泡菜調味
糖・少許
芝麻油・少許

▌作法

1 將煮好的米飯趁熱加入米飯調味料，用飯勺輕輕攪拌均勻，飯放涼備用。

2 平底鍋內加入2小匙油，放入雞蛋和午餐肉，將雞蛋煎熟、午餐肉煎至兩面金黃後盛起備用。

3 將泡菜切成一口大小放入同個平底鍋，加入泡菜調味料炒一炒盛起備用。

4 海苔輕折四等分，沿著其中一條折線剪至中心位置，即剪至整條折線的一半位置。

5 海苔粗糙那面朝上，於四等分中其中一塊鋪上薄薄的一層飯，上面放上泡菜，另外三塊則分別放上生菜、起司片和蛋、午餐肉。

6 將材料由米飯側先往上摺到午餐肉後，再一起往起司和煎蛋側摺起，最後將生菜也摺起將全部材料都摺疊在一起。

7 飯糰用保鮮膜或烘焙紙包覆好後，用刀於中間對半切即完成。

辣炒年糕

25 ～ 30 分鐘

辣炒年糕是韓國人隨時隨地可享用的國民小吃,也發展出各種變化吃法,除了常見的加起司之外,近年來加入鮮奶油做成玫瑰醬口味的炒年糕也很受韓國人歡迎。但無論口味怎麼變化,最經典的作法還是占據主流並且百吃不厭!作法超簡單的辣炒年糕,你也快來試試看!

▌ 材料(2~3人份)

年糕・400g
大蔥・1根
韓式魚板・3張
水煮蛋・2~3顆
鯷魚昆布高湯・600ml
＊作法見第13頁

調味料

韓式辣椒醬・2大匙
韓式辣椒粉(細)・1.5~2大匙
　＊喜歡辣的2大匙
糖・2大匙
醬油・1大匙
料理糖漿・2大匙

▌ 作法

1　年糕泡水15分鐘後,輕輕用流水沖洗瀝掉水分備用。

2　大蔥一根斜切片;魚板對半切後再切成三角形;全熟水煮蛋剝殼備用。

3　鍋內倒入鯷魚昆布高湯,放入所有調味料攪拌均勻,用大火煮滾。

4　煮滾後放入年糕和蛋再繼續煮滾3~5分鐘。

5　最後放入魚板和大蔥煮滾並收汁到喜歡的稠度完成。

＊ 使用細辣椒粉可以料理出顏色更加好看又稠的湯汁,如沒有細辣椒粉,可以將較粗顆粒的辣椒粉用攪拌機打細,但不講究的話可以省略此步驟,使用一般辣椒粉即可。

＊ 辣炒年糕特別適合搭配炸冬粉海苔卷(見作法第251頁)一起享用,將海苔卷蘸上辣炒年糕的甜辣醬汁,口感和味道是那麼美妙!

炸冬粉海苔卷

30 ～ 40 分鐘

STORY

韓國人吃辣炒年糕時經常搭配的炸物就是炸冬粉海苔卷了。將冬粉捲進海苔後，裹上麵衣油炸，成為表皮口感酥脆、內部Q軟的美味點心。準備特製的蘸醬，將海苔卷沾上那甜甜辣辣的滋味，即使沒有辣炒年糕也能充分享受，讓人一口接著一口！

▌ 材料（12～16條）

韓式冬粉・100g
紫菜包飯用海苔・3～4張
青蔥・適量
洋蔥・1/6顆
＊約50g
紅蘿蔔・30g
酥炸粉・半杯＋適量
水・半杯＋3～4顆冰塊
食用油・500g
＊油炸用，根據鍋子大小調整用量，海苔卷要能充分浸在油裡

調味料

醬油・0.5大匙
芝麻油・0.5大匙
黑胡椒粉・少許
鹽・少許

甜辣蘸醬

番茄醬・1大匙
糖・1大匙
料理糖漿・0.5大匙
醬油・0.5大匙
韓式辣椒醬・0.5大匙
蒜末・0.5大匙
水・2大匙
＊甜辣蘸醬配方來自第241頁香腸年糕串的調味醬汁

▌ 作法

1　洋蔥、紅蘿蔔切細絲；小蔥切末；韓式冬粉放入滾水中煮6～7分鐘後撈起以冷水沖洗，瀝乾水分備用。
2　平底鍋放入少量的食用油，將洋蔥和紅蘿蔔絲炒軟盛起備用。
3　小鍋中放入甜辣蘸醬的所有材料，一邊加熱一邊攪拌，醬汁煮至冒泡收汁變稠即可關火完成蘸醬。
4　大盆中放入冬粉，用剪刀將冬粉剪短成3～4公分的小段，放入炒洋蔥絲、紅蘿蔔絲、蔥末以及所有調味料，拌一拌。
5　碗中放入半杯酥炸粉和水，輕輕攪拌至沒有粉末，加入冰塊再攪拌一下完成麵糊。
＊　麵糊應呈現可嘩啦啦流下的稠度，如果太黏稠可以加水或加冰塊，太稀的話則加酥炸粉。
6　將每張海苔都剪成四等分後，粗糙面朝上，每一片小海苔放上適量的冬粉，末段刷薄薄一層麵糊，將海苔捲起。
7　將每條海苔卷外層裹上薄薄一層酥炸粉。
8　起一熱油鍋，將海苔卷放入麵糊中裹上一層麵衣，一一放入油鍋中油炸約一分鐘，撈起後再將所有海苔卷放入油鍋（比第一次油溫高一點）二次油炸約30秒撈起，與甜辣蘸醬一起上桌享用。
＊　或是參考第249頁辣炒年糕作法，炸冬粉海苔卷蘸辣炒年糕的醬汁吃最對味！

起司玫瑰醬辛拉麵

10 分鐘

韓國人每年的泡麵消費量可說是相當驚
人,其中最暢銷的一款就屬辛拉麵了。
愛吃泡麵的韓國人可說是發明了各種泡
麵創意吃法,這款起司玫瑰醬辛拉麵吃
法可說是風靡一時。將麵體用牛奶烹煮
後,加入韓式辣椒醬和起司片,並隨個
人喜好加入熱狗或培根,一款帶有西洋
風格的辛拉麵吃法就此誕生!

▌ 材料 (1人份)

辛拉麵 · 1包
牛奶 · 400ml
韓式辣椒醬 · 1大匙
大蒜 · 3瓣
洋蔥 · 半顆
起司片 · 1片
小熱狗 · 6～8個

▌ 作法

1 大蒜切片;洋蔥切絲;小熱狗刻花。

2 平底鍋加入適量食用油,將大蒜和洋蔥放
入炒香。

3 接著將牛奶倒進鍋內,放入1大匙辣椒
醬、料包和半包粉包一起煮滾。

* 由於另外加入了辣椒醬,因此粉包不一次全
放,避免太鹹。

4 放入麵與熱狗一起煮,過程中用筷子將麵
體輕輕撥開,麵煮八成熟後嘗一下鹹淡,
可用另外半包粉包調整味道。

5 當開始收汁後加入起司片,起司開始融化
後關火撒些歐芹粉裝飾完成。

後記

　　接到野人文化出書邀請的那一刻，內心又驚又喜的同時，其實也充滿諸多擔憂。我問老公「有人真的會想花錢看我每天吃什麼嗎？」，「如果他們跟著我的食譜書做失敗了怎麼辦？」。外表看起來自信又強勢的我，其實經常質疑與批判自己，但經過多年的反思與成長，我學會了與擔憂共處，那些看似負面的聲音其實可以成為超越自己、往更好方向前進的力量。「我覺得老婆你做的真的很好吃啊！你想想10個人裡面如果有5個人覺得好吃，那是不是就夠了，你能影響那50%的人，是多麼美好的一件事！」「你也有跟著其他食譜書做失敗的經驗吧！利用這些經驗，想想怎樣編排食譜，別人才不會失敗。」在我身邊的老公總是在我脆弱與自我懷疑時，給我提醒與支持。

　　我開始研究各式各樣的食譜書，審視自己料理的過程，思考著怎樣的一本書介紹韓國菜能更符合人們的需求，讓讀者能真正地捲起袖子動手去做。因此，在初期書的規畫階段，我就決定每道料理都要有步驟圖，計量單位要符合家庭料理人的使用習慣；並且不厭其煩、近乎嘮叨的各種備註，就是希望讀者能一試就成功。此外，我將調整鹹淡的一部分任務交給了讀者，由於調味料與食材使用上的差異、火候控制等因素，都會影響成品最終的味道，上桌前試吃並作最後調整可以大大提升美味度，因此我標出了需要調整鹹淡的階段及可用哪些調味料作調整，讓讀者相信自己的味蕾，對味道作最後的把關！

這一年寫書的期間，從一開始充滿雀躍，每天精神奕奕地上工，到隨著時間的過去，發現需要更多的自律、時間管理與心態的堅持，這真是一段充滿挑戰又有趣的旅程。感謝不怎麼催稿的編輯Lina，相信我並給予我極大的創作空間與自由，每次看完我的作品，那句「好美（眼冒愛心emoji）」總能讓我心情好一整天！還有幫我設計美美封面的設計師佳穎，以及辛苦的美編佩樺，非常感謝您們！還要由衷地感謝我在台灣的爸爸媽媽，頂著老花眼，在我截稿前夕連續好幾週幫我校稿，我們深夜Line通話連線，看著一個個檔案抓錯字和不順的句子，身為你們的女兒我真是幸福又幸運！還有我的姊姊，繁忙之中顧小孩都來不及，還會親自打電話給我，分享各種建議與想法，讓這本書更加完善；我的諮商師也陪伴我度過這一路寫書的過程，當我壓力大與低落時，總能讓我找到自身的價值與力量，堅定前行，非常謝謝您們！

　　最後，謝謝在Instagram上的朋友們，這趟旅程因為有你們才開始，你們真誠的支持、建議與互動交流，讓我的每一天都過得更加精采。希望所有購買本書的讀者能喜歡我分享的料理，也歡迎您們來我的Instagram：hikoreantable一起交流韓食的美好。

bon matin 144

韓食飯桌，안녕！你好

作　　　者　Ann	法律顧問　華洋法律事務所　蘇文生律師
社　　　長　張瑩瑩	印　　製　凱林彩印股份有限公司
總　編　輯　蔡麗真	初　　版　2022 年 12 月 07 日
美　術　編　輯　林佩樺	初版 4 刷　2023 年 08 月 10 日
封　面　設　計　謝佳穎	
校　　　對　林昌榮	

責 任 編 輯　莊麗娜
行銷企畫經理　林麗紅
行 銷 企 畫　蔡逸萱，李映柔
出　　　版　野人文化股份有限公司
發　　　行　遠足文化事業股份有限公司
　　　　　　（讀書共和國出版集團）
　　　　　　地址：231 新北市新店區民權路 108-2 號 9 樓
　　　　　　電話：（02）2218-1417
　　　　　　傳真：（02）86671065
　　　　　　電子信箱：service@bookrep.com.tw
　　　　　　網址：www.bookrep.com.tw
　　　　　　郵撥帳號：19504465 遠足文化事業股份有限公司
　　　　　　客服專線：0800-221-029

特 別 聲 明：有關本書的言論內容，不代表本公司／出版集團之立
　　　　　　場與意見，文責由作者自行承擔。

國家圖書館出版品預行編目（CIP）資料

韓食飯桌，안녕！你好／ Ann 著 .-- 初版 .-- 新北市：野人文化股份有限公司出版：遠足文化事業股份有限公司發行，2022.12
256 面；17×23 公分 .--（bon matin；144）　ISBN 978-986-384-811-0（平裝）　1.CST：食譜　2.CST：韓國
427.132　　　　　　　　　　　　　　　　　　　　　　　　　　　　　　　　　　　111019004